园林工程快速识图及实例解读

YUANLIN GONGCHENG KUAISU SHITU
JI SHILI JIEDU

侯永利　编著

中国电力出版社
CHINA ELECTRIC POWER PRESS

内 容 提 要

全书共分 7 章，包括园林工程识图基础、投影与透视、园林设计总平面图识读、园林植物配置图识读、园林建筑施工图识读、园林工程图识读、园林工程施工图实例解析。本书内容翔实，语言简洁，重点突出，力求做到图文并茂、表述正确，具有较强的指导性和可读性。

本书可作为园林工程技术专业及相关专业教材，也可以供从事园林工程设计工作人员参考阅读。

图书在版编目（CIP）数据

园林工程快速识图及实例解读/侯永利编著. —北京：中国电力出版社，2014.8
ISBN 978－7－5123－5514－9

Ⅰ. ①园… Ⅱ. ①侯… Ⅲ. ①园林设计－建筑制图－识别 Ⅳ. ①TU986.2

中国版本图书馆 CIP 数据核字（2014）第 024442 号

中国电力出版社出版发行
北京市东城区北京站西街 19 号　100005　http://www.cepp.sgcc.com.cn
责任编辑：梁瑶　　责任印制：郭华清　责任校对：朱丽芳
汇鑫印务有限公司印刷·各地新华书店经售
2014 年 8 月第 1 版·第 1 次印刷
700mm×1000mm　1/16·10 印张·180 千字
定价：28.00 元

前　　言

随着我国经济建设的不断发展，建筑行业从业人员数量日益增加，提高从业人员的基本素质成为当务之急。读懂园林工程施工图并快速了解工程施工情况是对园林工程建筑施工技术人员、监理人员和管理人员的最基本要求。

随着施工技术的不断发展，在读懂施工图方面对施工技术人员的要求越来越高，采用平面法设计的施工图对施工技术人员的技术要求也将越来越高。由于建筑物千姿百态，建筑工程千变万化，所以本书提供的读图实例是很有限的，但能帮助读者掌握施工图识读的基本知识和具体方法，给读者以初步入门的指引。

了解制图基础并能读懂建筑施工的图样，是参加工程施工的技术人员应该掌握的基本技能。对于刚参加工程建筑施工的人员来说，对房屋的基本构造不熟悉，还不能读懂建筑施工的图样。为此迫切希望能够读懂建筑施工的图样，学会这门技术，为实施工程施工创造良好的条件。

建筑工程施工图是建筑工程施工的依据。编写本书的目的，一是培养读者的空间想象能力，二是培养读者依照国家标准，正确绘制和阅读建筑工程施工图的基本能力。

本书的编写特点如下。

（1）本书在编写前收集了大量有关园林工程识图与施工方面的专业资料，文字叙述力求精练，内容简明实用，并参考最新设计规范，十分利于读者学习。此外，本书实例详尽且尽可能以图、表的形式表述专业内容，直观深入、可读性强。

（2）本书注重培养市政工程从业人员，提高他们的专业素质，使他们快速掌握园林工程施工流程、图样内容和表示方法，掌握识读图的规律和要点，同时结合示例和施工图的阅读才能起到事半功倍的效果。

（3）本书在编写过程中，既融入了编者多年的工作经验，又采用了许多近年完成的有代表性的工程施工图实例，注重工程实践，侧重实际工程图的识读，便于读者结合实际，并系统掌握相关知识。

由于编者水平有限，书中的缺点在所难免，敬请同行和读者批评指正。

编　者

目　　录

第一章 园林工程识图基础

第一节 制 图 方 法

一、制图步骤

1. 制图前的准备工作

(1) 根据所绘图样的内容、大小和比例准备好所需的工具和仪器。

(2) 选定图纸的幅面大小，并固定在图板的左下方，图纸距图板底边应有一个丁字尺的距离。

2. 绘制底图

(1) 用稍硬的铅笔（H 或 2H）绘制底图，先画图框线、标题栏和会签栏。

(2) 合理布置图面，综合考虑标注尺寸和文字说明的位置，定出图形的中心线或外框线。

(3) 画图形的定位轴线，然后再画主要轮廓线，最后画细部。

(4) 画尺寸线、尺寸界线和其他符号。

(5) 仔细检查，擦去多余线条，完成全图底稿。

3. 加深图线或上墨

铅笔线宜用较软的铅笔（B～3B）加深或加粗。

(1) 先加深图形，后加深图框和标题栏。

(2) 先粗后细，先上后下，先左后右，先曲线后直线，先水平线段后垂直及倾斜线段。

(3) 同类型、同规格、同方向的图线可集中画出。

(4) 画起止符号，填写尺寸数字、标题栏和其他说明。

(5) 仔细核对、检查并修改已完成的图样。

需要长期保存的图都要上墨，上墨常用针管笔（鸭嘴笔）来完成，上墨时应注意所绘图样的准确和图面的清洁。

4. 图样复制

若所绘制的图样需要复制的份数较多，一般先在硫酸纸上描出底图，然后用晒图机复制，所复制的图样称为蓝图。

二、几何制图

1. 平行线和垂线

用两个三角板可以过定点作已知直线的平行线或垂线（图1-1）。

（1）作直线的平行线。

已知直线 AB 及点 F，作过点 F 且平行于 AB 的直线。

1）使一个三角板的一边与直线 AB 重合。

2）用丁字尺或另一个三角板紧靠三角板的另一边，移动第一个三角板至点 F，过 F 画直线，即为 AB 的平行线，如图1-1（a）所示。

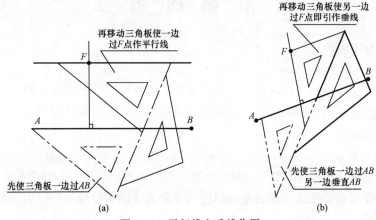

图1-1　平行线和垂线作图

（2）作直线的垂直线。

已知直线 AB 及点 F，作过点 F 且垂直 AB 的直线。

1）使一个三角板的一条直角边与直线 AB 重合。

2）用丁字尺或另一个三角板紧靠三角板的斜边，移动第一个三角板，使其另一直角边过点 F 并画直线，即为 AB 的垂直线，如图1-1（b）所示。

2. 等分圆周作正多边形

（1）正五边形作图（图1-2）。

已知一圆（图1-2），下面用圆规等分圆周作正五边形。

1）平分半径 OM 得 O_1，以点 O_1 为圆心，以 O_1A 为半径画弧，交 ON 于点 O_2。

2）以 O_2A 为弦长，自 A 点起在圆周上依次截取得各等分点。

3）顺序连接各等分点 A、B、C、D、E，即得正五边形。

（2）正六边形作图（图1-3、图1-4）。

已知一圆（图1-3），下面用圆规等分圆周作正六边形。

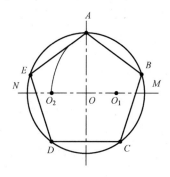

图 1-2 正五边形作图

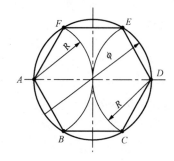

图 1-3 用圆规直接等分圆作正六边形

1）先作一个圆，如图 1-3 所示，以 A 点为圆心，以半径 R 为半径画弧，交圆于 B、F 两点。

以 D 点为圆心，以半径 R 为半径画弧，交圆于 C、E 两点。

2）按顺序连接 A、B、C、D、E、F 点，即得正六边形，如图 1-3 所示。

除了用圆规外，还可以用丁字尺和三角板绘制出正六边形。绘图方法如图 1-4 所示。

（3）任意等分圆周和作正 n 边形（如正七边形），如图 1-5 所示。

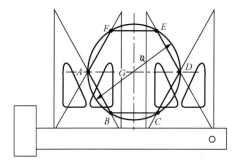

图 1-4 用三角板和丁字尺等分圆作正六边形

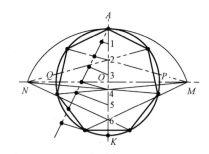

图 1-5 任意等分圆周和作正 n 边形

1）将已知直径 AK 七等分。以 K 点为圆心，AK 为半径画弧，交直径 PQ 的延长线于 M、N。

2）自 M、N 分别向 AK 上的各偶数点（或奇数点）作直线并延长，交于圆周上，依次连接各点，得正七边形。

3. 斜度和锥度

（1）斜度。斜度是指一直线或平面对另一直线或平面的倾斜程度，其大小用两直线或平面夹角的正切来度量，在图上标注为 $1:n$，并在其前加斜度符号"∠"，且符号的方向与斜度的方向一致。

（2）锥度。锥度是指正圆锥体底圆的直径与其高度之比或圆锥台体两底圆直径之差与其高度之比。在图样上标注锥度时，用 $1:n$ 的形式，并在前加锥度符号"▷"，符号的方向与锥度方向一致。

4. 圆的切线

（1）过圆外一点作圆的切线（图1-6）。

1）连接 OA，以 OA 为直径作圆，与已知圆交于 C_1、C_2。

2）分别连接 AC_1、AC_2，即为所求的切线。

（2）作两圆的外公切线（图1-7）。

1）以 O_2 为圆心、R_2-R_1 为半径作辅助圆。

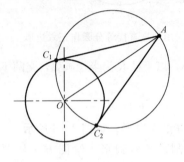

图1-6　过圆外一点作圆的切线　　　　图1-7　两圆的外公切线

2）过 O_1 作辅助圆的切线 O_1C。

3）连接 O_2C 并延长，使其与圆 O_2 交于 C_2。

4）过 O_1 作 O_2C_2 的平行线。

5）连接 C_1C_2，即为两圆的外公切线。

（3）作两圆的内公切线（图1-8）。

1）以 O_1O_2 为直径作辅助圆。

2）以 O_1 为圆心，R_2+R_1 为半径作圆弧，与辅助圆相交于 K 点。

3）连接 O_1K 与圆 O_1 交于 C_2 点。

4）过 O_2 作 O_1C_1 的平行线 O_2C_2。

5）连接 C_1C_2，即为两圆的内公切线。

（4）圆弧的连接。

1）用半径为 R 的圆弧连接两已知直线，如图1-9所示。

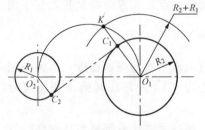　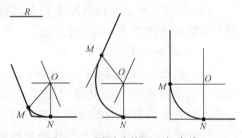

图1-8　两圆的内公切线　　　　图1-9　圆弧连接两已知直线

①作两条辅助线分别与两已知直线平行且相距 R，两辅助线交于点 O，即为连接圆弧的圆心。

②由点 O 分别向两已知直线作垂线，分别得垂足 M、N，垂足即切点。

③以点 O 为圆心、R 为半径画连接圆弧。

2）用半径为 R 的圆弧连接两已知圆弧（外切），如图 1-10 所示。

①以 O_1 为圆心、R_1+R 为半径画圆弧，以 O_2 为圆心、R_2+R 为半径画圆弧，两圆弧交于点 O_3。

②分别连接 O_1O_3、O_2O_3，分别与圆 O_1、圆 O_2 交于 C_1、C_2 点，即两个切点。

③以 O_3 为圆心、R 为半径画连接圆弧。

3）用半径为 R 的圆弧连接两已知圆弧（内切），如图 1-11 所示。

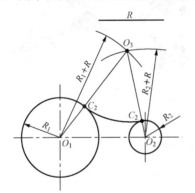

图 1-10 圆弧连接两已知圆弧（外切）　　图 1-11 圆弧连接两已知圆弧（内切）

①以 O_1 为圆心、$R-R_1$ 为半径画圆弧。

②以 O_2 为圆心、$R-R_2$ 为半径画圆弧，两弧交于点 O_3。

③分别连接 O_3O_1、O_3O_2，并延长求得两个切点 C_1、C_2。

④以 O_3 为圆心、R 为半径画连接圆弧。

4）用半径为 R 的圆弧连接已知圆弧和直线，如图 1-12 所示。

①以 O_1 圆心、R_1+R 为半径作圆弧。

②作与已知直线平行且相距为 R 的直线，与圆弧交于 O 点。

③连接 O_1O，求得与已知圆弧的切点 C_1。

④由 O 向已知直线作垂线，求得与已

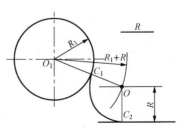

图 1-12 连接已知圆弧和直线

知直线的切点 C_2。

⑤以 O 为圆心、R 为半径画连接圆弧。

三、徒手制图

徒手图又称为草图。画草图的要求包括：

（1）图线应清晰。

（2）各部分比例应匀称，目测尺寸尽可能接近实物大小。

（3）绘图速度要快。

（4）标注尺寸准确、齐全，字体工整。

各种徒手绘图的方法如图 1-13～图 1-17 所示。

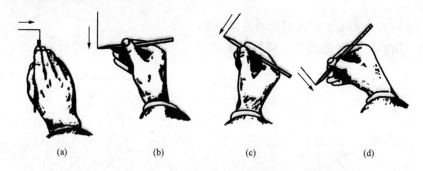

（a）　　　　　（b）　　　　　（c）　　　　　（d）

图 1-13　徒手画图的手势

（a）画水平线；（b）画垂直线；（c）向左画斜线；（d）向右画斜线

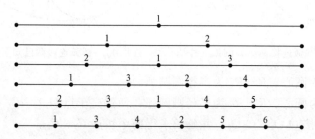

图 1-14　画平行线并作等分

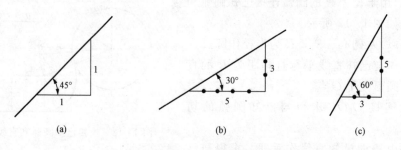

（a）　　　　　　　（b）　　　　　　　（c）

图 1-15　画特殊角

（a）45°；（b）30°；（c）60°

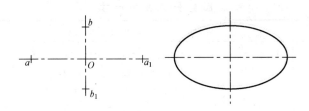

图 1-16　画椭圆

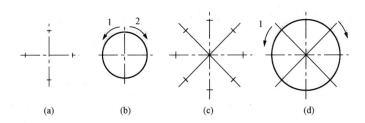

| (a) | (b) | (c) | (d) |

图 1-17　徒手画圆的方法

（a）定四个点；（b）画小圆；（c）定出八个点；（d）画大圆

第二节　制　图　标　准

一、图样幅面

（1）图样幅面及图框尺寸应符合表 1-1 的规定。

表 1-1 　　　　　　　　　　幅 面 及 图 框 尺 寸　　　　　　　　（单位：mm）

尺寸代号 ＼ 幅面代号	A0	A1	A2	A3	A4
$b \times l$	841×1189	594×841	420×594	297×420	210×297
c	10			5	
a	25				

注　表中 b 为幅面短边尺寸，l 为幅面长边尺寸，c 为图框线与幅面线间宽度，a 为图框线与装订边间宽度。

（2）需要微缩复制的图样，其一个边上应附有一段准确米制尺度，四个边上均附有对中标志，米制尺度的总长应为 100mm，分格应为 10mm。对中标志应画在图样内框各边长的中点处，线宽 0.35mm，并应伸入内框边，在框外为 5mm。对中标志的线段，于 l_1 和 b_1（图框线的长边尺寸和短边尺寸）范围取中。

（3）图样的短边尺寸不应加长，A0～A3 幅面长边尺寸可加长，且应符合表 1-2 的规定。

表 1-2 　　　　　　　　　　　图 样 长 边 加 长 尺 寸 　　　　　　（单位：mm）

幅面代号	长边尺寸	长边加长后的尺寸
A0	1189	1486（A0+1/4l），1635（A0+3/8l），1783（A0+1/2l），1932（A0+5/8l），2080（A0+3/4l），2230（A0+7/8l），2378（A0+l）
A1	841	1051（A1+1/4l），1261（A1+1/2l），1471（A1+3/4l），1682（A1+l），1892（A1+5/4l），2102（A1+3/2l）
A2	594	743（A2+1/4l），891（A2+1/2l），1041（A2+3/4l），1189（A2+l），1338（A2+5/4l），1486（A2+3/2l），1635（A2+7/4l），1783（A2+2l），1932（A2+9/4l），2080（A2+5/2l）
A3	420	630（A3+1/2l），841（A3+l），1051（A3+3/2l），1261（A3+2l），1471（A3+5/2l），1682（A3+3l），1892（A3+7/2l）

注　有特殊需要的图样，可采用 $b×l$ 为 841mm×891mm 与 1189mm×1261mm 的幅面。

（4）图样以短边作为垂直边应为横式，以短边作为水平边应为立式。A0～A3 图样宜横式使用；必要时，也可立式使用。

（5）工程设计中，每个专业所使用的图样，不宜多于两种幅面，不含目录及表格所采用的 A4 幅面。

二、标题栏

（1）图样中应有标题栏、图框线、幅面线、装订边线和对中标志。图样的标题栏及装订边的位置，应符合下列规定。

1）横式使用的图样，应按图 1-18、图 1-19 的形式进行布置。

2）立式使用的图样，应按图 1-20、图 1-21 的形式进行布置。

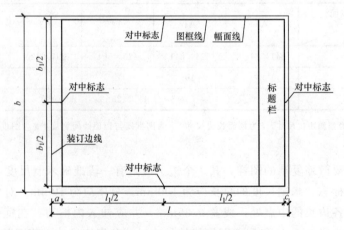

图 1-18　A0～A3 横式幅面（一）

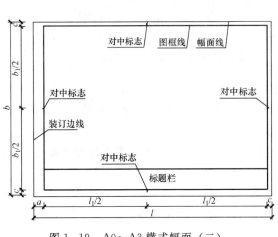

图 1-19 A0～A3 横式幅面（二）

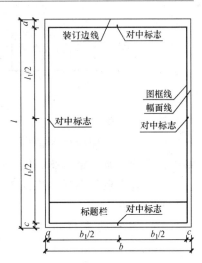

图 1-20 A0～A4 立式幅面（一）

（2）标题栏应符合图 1-22、图 1-23 的规定，根据工程的需要选择确定其尺寸、格式及分区。签字栏应包括实名列和签名列，并应符合下列规定。

1）涉外工程的标题栏内，各项主要内容的中文下方应附有译文，设计单位的上方或左方，应加"中华人民共和国"字样。

2）在计算机制图文件中当使用电子签名与认证时，应符合国家有关电子签名法的规定。

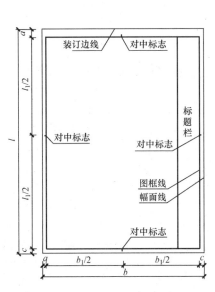

图 1-21 A0～A4 立式幅面（二）

图 1-22 标题栏（一）

设计单位名称区	注册师签章区	项目经理签章区	修改记录区	工程名称区	图号区	签字区	会签栏

图1-23　标题栏（二）

三、图样编排顺序

（1）工程图样应按专业顺序编排，应为图样目录、总图、建筑图、结构图、给水排水图、暖通空调图、电气图等。

（2）各专业的图样，应按图样内容的主次关系、逻辑关系进行分类排序。

四、图线

（1）图线的宽度 b，宜从 1.4mm、1.0mm、0.7mm、0.5mm、0.35mm、0.25mm、0.18mm、0.13mm 线宽系列中选取。图线宽度不应小于 0.1mm。每个图样，应根据复杂程度与比例大小，先选定基本线宽 b，再选用表 1-3 中相应的线宽组。

表1-3　　　　　　　　　　**线　宽　组**　　　　　　　　（单位：mm）

线宽比	线　宽　组			
b	1.4	1.0	0.7	0.5
$0.7b$	1.0	0.7	0.5	0.35
$0.5b$	0.7	0.5	0.35	0.25
$0.25b$	0.35	0.25	0.18	0.13

注　1. 需要微缩的图样，不宜采用 0.18mm 及更小的线宽。

　　2. 同一张图样内，各不同线宽中的细线，可统一采用较细的线宽组的细线。

（2）建筑电气专业常用的制图图线、线型及线宽，见表 1-4。

表1-4　　　　　　　　　　**图线、线型及线宽**

图线名称		线型	线宽	一　般　用　途
实线	粗	——————	b	本专业设备之间电气通路连接线、本专业设备可见轮廓线、图形符号轮廓线
	中粗	——————	$0.7b$	
			$0.7b$	本专业设备可见轮廓线、图形符号轮廓线、方框线、建筑物可见轮廓
	中	——————	$0.5b$	
	细	——————	$0.25b$	非本专业设备可见轮廓线、建筑物可见轮廓；尺寸、标高、角度等标注线及引出线

续表

图线名称		线型	线宽	一　般　用　途
虚线	粗	- - - - - - - - - -	b	本专业设备之间电气通路不可见连接线；线路改造中原有线路
	中粗	- - - - - - - - - -	$0.7b$	本专业设备不可见轮廓线、地下电缆沟、排管区、隧道、屏蔽线、连锁线
	中	- - - - - - - - -	$0.5b$	
	细	- - - - - - - - - -	$0.25b$	非本专业设备不可见轮廓线及地下管沟、建筑物不可见轮廓线等
波浪线	粗	〜〜〜〜〜	b	本专业软管、软护套保护的电气通路连接线、蛇形敷设线缆
	中粗	〜〜〜〜〜	$0.7b$	
单点长画线		—— · —— · ——	$0.25b$	定位轴线、中心线、对称线；结构、功能、单元相同围框线
双点长画线		—— · · —— · · ——	$0.25b$	辅助围框线、假想或工艺设备轮廓线
折断线		————／＼————	$0.25b$	断开界线

（3）同一张图样内，相同比例的各图样，应选用相同的线宽组。图样中，可使用自定义的图线、线型，并应在设计文件中明确说明。自定义的图线、线型不应与国家现行有关标准、规范相矛盾。

（4）图样的图框和标题栏线可采用表 1-5 的线宽。

表 1-5　　　　　　　　**图框和标题栏线的宽度**　　　　　　　（单位：mm）

幅面代号	图框线	标题栏外框线	标题栏分格线
A0、A1	b	$0.5b$	$0.25b$
A2、A3、A4	b	$0.7b$	$0.35b$

（5）相互平行的图例线，其净间隙或线中间隙不宜小于 0.2mm。

（6）虚线、单点长画线或双点长画线的线段长度和间隔，宜各自相等。

（7）单点长画线或双点长画线，当在较小图形中绘制有困难时，可用实线代替。

（8）单点长画线或双点长画线的两端，不应是点。点画线与点画线交接点或点画线与其他图线交接时，应是线段交接。

（9）虚线与虚线交接或虚线与其他图线交接时，应是线段交接。虚线为实线的延长线时，不得与实线相接。

（10）图线不得与文字、数字或符号重叠、混淆。不可避免时，应保证文字的清晰。

五、字体

（1）图样上所需注写的文字、数字或符号等，均应笔画清晰、字体端正、排列整齐；标点符号应清楚、正确。

（2）文字的字高应从表 1-6 中选用。字高大于 10mm 的文字宜采用 True type 字体。当需注写更大的字时，其高度应按 $\sqrt{2}$ 的倍数递增。

表 1-6　　　　　　　　　文字的字高　　　　　　　（单位：mm）

字体种类	中文矢量字体	True type 字体及非中文矢量字体
字高	3.5、5、7、10、14、20	3、4、6、8、10、14、20

（3）图样及说明中的汉字，宜采用长仿宋体或黑体，同一图样字体种类不应超过两种。长仿宋体的高宽关系应符合表 1-7 的规定，黑体字的宽度与高度应相同。大标题、图册封面、地形图等的汉字，也可注写成其他字体，但应易于辨认。

表 1-7　　　　　　　　长仿宋字高宽关系　　　　　　　（单位：mm）

字高	20	14	10	7	5	3.5
字宽	14	10	7	5	3.5	2.5

（4）汉字的简化字注写应符合国家有关汉字简化方案的规定。

（5）图样及说明中的拉丁字母、阿拉伯数字与罗马数字，宜采用单线简体或 Roman 字体。拉丁字母、阿拉伯数字与罗马数字的注写规则，应符合表 1-8 的规定。

表 1-8　　　　　拉丁字母、阿拉伯数字与罗马数字的注写规则

书 写 格 式	字体	窄字体
大写字母高度	h	h
小写字母高度（上下均无延伸）	$7/10h$	$10/14h$
小写字母伸出的头部或尾部	$3/10h$	$4/14h$
笔画宽度	$1/10h$	$1/14h$
字母间距	$2/10h$	$2/14h$
上下行基准线的最小间距	$15/10h$	$21/14h$
词间距	$6/10h$	$6/14h$

（6）拉丁字母、阿拉伯数字与罗马数字，当需写成斜体字时，其斜度应是从字的底线逆时针向上倾斜 75°。斜体字的高度和宽度应与相应的直体字相等。

（7）拉丁字母、阿拉伯数字与罗马数字的字高，不应小于 2.5mm。

（8）数量的数值注写，应采用正体阿拉伯数字。各种计量单位凡前面有量值的，均应采用国家颁布的单位符号注写，单位符号应采用正体字母。

（9）分数、百分数和比例数的注写，应采用阿拉伯数字和数学符号。

（10）当注写的数字小于 1 时，应写出各位的"0"，小数点应采用圆点，对齐基准线注写。

（11）长仿宋汉字、拉丁字母、阿拉伯数字与罗马数字示例，应符合现行国家标准《技术制图——字体》（GB/T 14691—1993）的有关规定。

六、比例

（1）图样的比例，应为图形与实物相对应的线性尺寸之比。

（2）比例的符号应为"："，比例应以阿拉伯数字表示。

（3）比例宜注写在图名的右侧，字的基准线应取平；比例的字高宜比图名的字高小一号或二号（图 1-24）。

平面图　1：100　1：20

图 1-24　比例的注写

（4）电气总平面图、电气平面图的制图比例，宜与工程项目设计的主导专业一致，采用的比例宜从表 1-9 中选用，并应优先采用表中常用比例。

表 1-9　　　　　　　电气总平面图、电气平面图的制图比例

序号	图名	常用比例	可用比例
1	电气总平面图、规划图	1：500、1：1000、1：2000	1：300、1：5000
2	电气平面图	1：50、1：100、1：150	1：200
3	电气竖井、设备间、电信间、变配电室等平、剖面图	1：20、1：50、1：100	1：25、1：150
4	电气详图、电气大样图	10：1、5：1、2：1、1：1、1：2、1：5、1：10、1：20	4：1、1：25、1：50

（5）一般情况下，一个图样应选用一种比例。根据专业制图需要，同一图样可选用两种比例。

（6）特殊情况下也可自选比例，除应注明绘图比例外，还应在适当位置绘制出相应的比例尺。

七、符号

1. 剖面的剖切符号

（1）剖视的剖面的剖切符号应由剖切位置线及剖视方向线组成，均应以粗实

线绘制。剖视的剖面的剖切符号应符合下列规定。

1）剖切位置线的长度宜为6～10mm；剖视方向线应垂直于剖切位置线，长度应短于剖切位置线，宜为4～6mm，如图1-25所示，也可采用国际统一和常用的剖视方法，如图1-26所示。绘制时，剖视剖面的剖切符号不应与其他图线相接触。

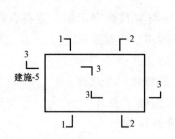 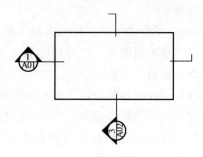

图1-25　剖视的剖面的剖切符号（一）　　图1-26　剖视的剖面的剖切符号（二）

2）剖视的剖面的剖切符号的编号宜采用阿拉伯数字，按剖切顺序由左至右、由下向上连续编排，并应注写在剖视方向线的端部。

3）需要转折的剖切位置线，应在转角的外侧加注与该符号相同的编号。

4）建（构）筑物断面图的剖面的剖切符号应注在±0.000标高的平面图或首层平面图上。

5）局部剖面图（不含首层）的剖面的剖切符号应注在包含剖切部位的最下面一层的平面图上。

（2）断面的剖面的剖切符号应符合下列规定。

1）断面的剖面的剖切符号应只用剖切位置线表示，并应以粗实线绘制，长度宜为6～10mm。

2）断面剖面的剖切符号的编号宜采用阿拉伯数字，按顺序连续编排，并应注写在剖切位置线的一侧；编号所在的一侧应为该断面的剖视方向（图1-27）。

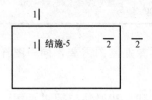

图1-27　断面的剖面的剖切符号

（3）断面图或断面图，当与被剖切图样不在同一张图内，应在剖切位置线的另一侧注明其所在图样的编号，也可以在图上集中说明。

2. 索引符号与详图符号

（1）图样中的某一局部或构件，如需另见详图，应以索引符号索引［图1-28（a）］。索引符号是由直径为8～10mm的圆和水平直径组成，圆及水平直径应以细实线绘制。索引符号应按下列规定编写。

1）索引出的详图，如与被索引的详图同在一张图样内，应在索引符号的上

半圆中用阿拉伯数字注明该详图的编号，并在下半圆中间画一段水平细实线
[图1-28 (b)]。

2) 索引出的详图，如与被索引的详图不
在同一张图样内，应在索引符号的上半圆中
用阿拉伯数字注明该详图的编号，在索引符
号的下半圆用阿拉伯数字注明该详图所在图
样的编号 [图1-28 (c)]。数字较多时，可加文字标注。

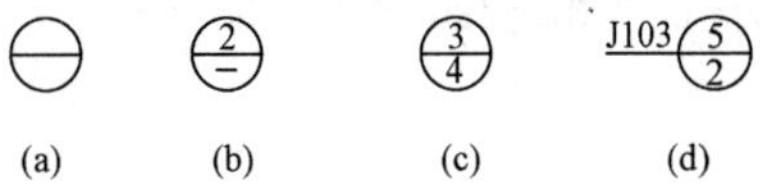

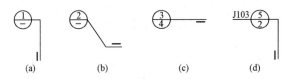

图1-28 索引符号

3) 索引出的详图，如采用标准图，应在索引符号水平直径的延长线上加注
该标准图集的编号 [图1-28 (d)]。需要标注比例时，文字在索引符号右侧或延
长线下方，与符号下对齐。

(2) 索引符号当用于索引剖视详图时，应在被剖切的部位绘制剖切位置线，
并以引出线引出索引符号，引出线所在的一侧应为剖视方向。索引符号的编写应
符合《房屋建筑制图统一标准》(GB/T 50001—2010) 第 7.2.1 条 的 规 定
(图1-29)。

图1-29 用于索引剖面详图的索引符号

(3) 零件、钢筋、杆件、设备等的编号宜以直径为 5～6mm 的细实线圆表
示，同一图样应保持一致，其编号应用阿拉伯数字按顺序编写 (图1-30)。消火
栓、配电箱、管井等的索引符号，直径宜为 4～6mm。

(4) 详图的位置和编号应以详图符号表示。详图符号的圆应以直径为 14mm
粗实线绘制。详图编号应符合下列规定。

1) 详图与被索引的图样同在一张图样内时，应在详图符号内用阿拉伯数字
注明详图的编号 (图1-31)。

2) 详图与被索引的图样不在同一张图样内时，应用细实线在详图符号内画
一有水平直径的圆，在上半圆中注明详图编号，在下半圆中注明被索引的图样的
编号 (图1-32)。

图1-30 零件、钢筋   图1-31 与被索引图样   图1-32 与被索引图样不在
等的编号   同在一张图样内的详图符号   同一图样内的详图符号

3. 引出线

(1) 引出线应以细实线绘制，宜采用水平方向的直线，与水平方向成30°、45°、

60°、90°的直线，或经上述角度再折为水平线。文字说明宜注写在水平线的上方［图1-33（a）］，也可注写在水平线的端部［图1-33（b）］。索引详图的引出线，应与水平直径线相连接［图1-33（c）］。

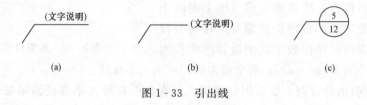

图1-33 引出线

图1-34 共用引出线

（2）同时引出的几个相同部分的引出线，宜互相平行［图1-34（a）］，也可画成集中于一点的放射线［图1-34（b）］。

（3）多层构造或多层管道共用引出线，应通过被引出的各层，并用圆点示意对应各层次。文字说明宜注写在水平线的上方，或注写在水平线的端部，说明的顺序应由上至下，并应与被说明的层次对应一致；如层次为横向排序，则由上至下的说明顺序应与由左至右的层次对应一致（图1-35）。

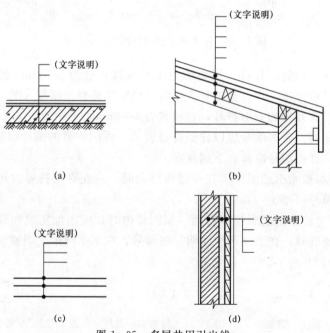

图1-35 多层共用引出线

4. 其他符号

（1）对称符号由对称线和两端的两对平行线组成。对称线用细单点长画线绘制；平行线用细实线绘制，其长度宜为 6～10mm，每对的间距宜为 2～3mm；对称线垂直平分于两对平行线，两端超出平行线宜为 2～3mm（图 1-36）。

（2）连接符号应以折断线表示需连接的部位。两部位相距过远时，折断线两端靠图样一侧应标注大写拉丁字母表示连接编号。两个被连接的图样应用相同的字母编号（图 1-37）。

（3）指北针的形状符合图 1-38 的规定，其圆的直径宜为 24mm，用细实线绘制；指针尾部的宽度宜为 3mm，指针头部应注"北"或"N"字。需用较大直径绘制指北针时，指针尾部的宽度宜为直径的 1/8。

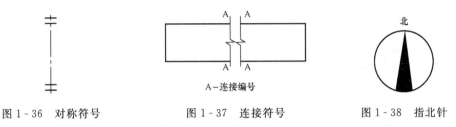

图 1-36　对称符号　　　　图 1-37　连接符号　　　　图 1-38　指北针

（4）对图样中局部变更部分宜采用云线，并宜注明修改版次（图 1-39）。

八、定位轴线

（1）定位轴线应用细单点长画线绘制。

（2）定位轴线应编号，编号应注写在轴线端部的圆内。圆应用细实线绘制，直径为 8～10mm。定位轴线圆的圆心应在定位轴线的延长线上或延长线的折线上。

（3）除较复杂需采用分区编号或圆形、折线形外，平面图上定位轴线的编号，宜标注在图样的下方或左侧。横向编号应用阿拉伯数字，从左至右顺序编写；竖向编号应用大写拉丁字母，从下至上顺序编写（图 1-40）。

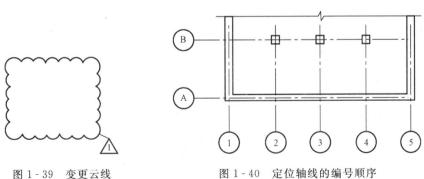

图 1-39　变更云线　　　　　　图 1-40　定位轴线的编号顺序
1—修改次数

（4）拉丁字母作为轴线编号时，应全部采用大写字母，不应用同一个字母的大小写来区分轴线号。拉丁字母的 I、O、Z 不得用做轴线编号，当字母不够使用时，可增用双字母或单字母加数字注脚。

（5）组合较复杂的平面图中定位轴线也可采用分区编号（图1-41）。编号的注写形式应为"分区号——该分区编号"。"分区号——该分区编号"采用阿拉伯数字或大写拉丁字母表示。

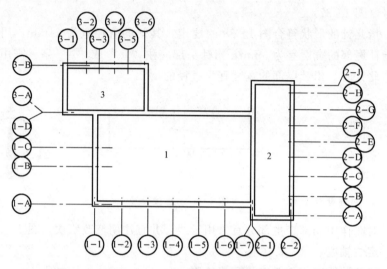

图1-41　定位轴线的分区编号

（6）附加定位轴线的编号，应以分数形式表示，并应符合下列规定。

1）两根轴线的附加轴线，应以分母表示前一轴线的编号，分子表示附加轴线的编号。编号宜用阿拉伯数字顺序编写。

2）1号轴线或A号轴线之前的附加轴线的分母应以01或0A表示。

（7）一个详图适用于几根轴线时，应同时注明各有关轴线的编号（图1-42）。

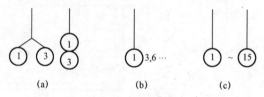

图1-42　详图的轴线编号

(a) 用于2根轴线时；

(b) 用于3根或3根以上轴线时；

(c) 用于3根以上连续编号的轴线时

（8）通用详图中的定位轴线，应只画圆，不注写轴线编号。

（9）圆形与弧形平面图中的定位轴线，其径向轴线应以角度进行定位，其编号宜用阿拉伯数字表示，从左下角或-90°（若径向轴线很密，角度间隔很小）

开始，按逆时针顺序编写；其环向轴线宜用大写拉丁字母表示，从外向内顺序编写（图 1-43、图 1-44）。

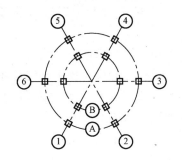

图 1-43　圆形平面图中的定位轴线的编号　　图 1-44　弧形平面图中的定位轴线的编号

　（10）折线形平面图中的定位轴线的编号可按图 1-45 的形式编写。

九、尺寸标注

1. 尺寸界线、尺寸线及尺寸起止符号

　（1）图样上的尺寸，应包括尺寸界线、尺寸线、尺寸起止符号和尺寸数字（图 1-46）。

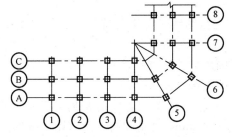

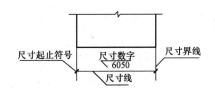

图 1-45　折线形平面图中的定位轴线的编号　　图 1-46　尺寸的组成

　（2）尺寸界线应用细实线绘制，应与被注长度垂直，其一端应离开图样轮廓线不应小于 2mm，另一端宜超出尺寸线 2～3mm。图样轮廓线可用作尺寸界线（图 1-47）。

　（3）尺寸线应用细实线绘制，应与被注长度平行。图样本身的图线均不得用作尺寸线。

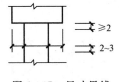

图 1-47　尺寸界线

　（4）尺寸起止符号用中粗斜短线绘制，其倾斜方向应与尺寸界线成顺时针 45°角，长度宜为 2～3mm。半径、直径、角度与弧长的尺寸起止符号，宜用箭头表示（图 1-48）。

2. 尺寸数字

　（1）图样上的尺寸，应以尺寸数字为准，不得从图上直接量取。

　（2）图样上的尺寸单位，除标高及总平面以"m"为单位外，其他必须以

"mm"为单位。

图 1-48　箭头尺寸
起止符号

(3) 尺寸数字的方向，应按图 1-49（a）的规定注写。若尺寸数字在 30°斜线区内，也可按图 1-49（b）的形式注写。

(4) 尺寸数字应依据其方向注写在靠近尺寸线的上方中部。如没有足够的注写位置，最外边的尺寸数字可注写在尺寸界线的外侧，中间相邻的尺寸数字可上下错开注写，引出线端部用圆点表示标注尺寸的位置（图 1-50）。

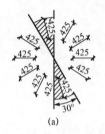

(a)

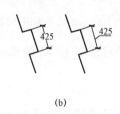

(b)

图 1-49　尺寸数字的注写方向

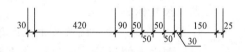

图 1-50　尺寸数字的注写位置

3. 尺寸的排列与布置

(1) 尺寸宜标注在图样轮廓以外，不宜与图线、文字及符号等相交（图 1-51）。

(2) 互相平行的尺寸线，应从被注写的图样轮廓线由近向远整齐排列，较小尺寸应离轮廓线较近，较大尺寸应离轮廓线较远（图 1-52）。

(3) 图样轮廓线以外的尺寸界线，距图样最外轮廓之间的距离，不宜小于 10mm。平行排列的尺寸线的间距，宜为 7～10mm，并应保持一致（图 1-52）。

(4) 总尺寸的尺寸界线应靠近所指部位，中间的分尺寸的尺寸界线可稍短，但其长度应相等（图 1-52）。

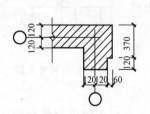

图 1-51　尺寸数字的注写

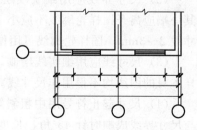

图 1-52　尺寸的排列

4. 半径、直径、球的尺寸标注

(1) 半径的尺寸线应一端从圆心开始，另一端画箭头指向圆弧。半径数字前应加注半径符号"R"（图 1-53）。

（2）较小圆弧的半径，可按图 1-54 形式标注。

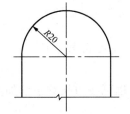

图 1-53　半径标注方法

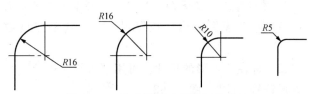

图 1-54　较小圆弧半径的标注方法

（3）较大圆弧的半径，可按图 1-55 形式标注。

（4）标注圆的直径尺寸时，直径数字前应加直径符号"ϕ"。在圆内标注的尺寸线应通过圆心，两端画箭头指至圆弧（图 1-56）。

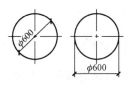

图 1-55　较大圆弧半径的标注方法　　　图 1-56　圆直径的标注方法

（5）较小圆的直径尺寸，可标注在圆外（图 1-57）。

（6）标注球的半径尺寸时，应在尺寸前加注符号"SR"。标注球的直径尺寸时，应在尺寸数字前加注符号 $S\phi$。注写方法与圆弧半径和圆直径的尺寸标注方法相同。

5. 角度、弧度、弧长的标注

（1）角度的尺寸线应以圆弧表示。该圆弧的圆心应是该角的顶点，角的两条边为尺寸界线。起止符号应以箭头表示，如没有足够位置画箭头，可用圆点代替，角度数字应沿尺寸线方向注写（图 1-58）。

（2）标注圆弧的弧长时，尺寸线应以与该圆弧同心的圆弧线表示，尺寸界线应指向圆心，起止符号用箭头表示，弧长数字上方应加注圆弧符号"⌒"（图 1-59）。

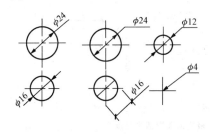

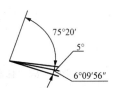

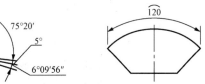

图 1-57　较小圆直径的标注方法　　　图 1-58　角度标注方法　　　图 1-59　弧长标注方法

（3）标注圆弧的弦长时，尺寸线应以平行于该弦的直线表示，尺寸界线应垂直于该弦，起止符号用中粗斜短线表示（图1-60）。

6. 薄板厚度、正方形、坡度、非圆曲线等尺寸标注

（1）在薄板板面标注板厚尺寸时，应在厚度数字前加厚度符号"t"（图1-61）。

（2）标注正方形的尺寸，可用"边长×边长"的形式，也可在边长数字前加正方形符号"□"（图1-62）。

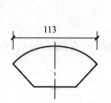

图1-60 弦长标注方法

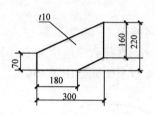

图1-61 薄板厚度标注方法

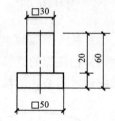

图1-62 标注正方形尺寸

（3）标注坡度时，应加注坡度符号"←"［图1-63（a）、（b）］，该符号为单面箭头，箭头应指向下坡方向。坡度也可用直角三角形形式标注［图1-63（c）］。

7. 标高

（1）标高符号应以直角等腰三角形表示，按图1-64（a）所示形式用细实线绘制，当标注位置不够时，也可按图1-64（b）所示形式绘制。标高符号的具体画法应符合图1-64（c）、（d）的规定。

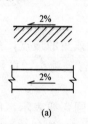

(a)

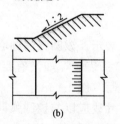

(b)

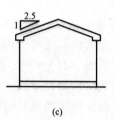

(c)

图1-63 坡度标注方法

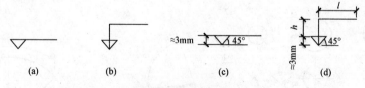

(a)　　　　　(b)　　　　　(c)　　　　　(d)

图1-64 标高符号

l—取适当长度注写标高数字；h—根据需要取适当高度

（2）总平面图室外地坪标高符号，宜用涂黑的三角形表示，具体画法应符合图1-65的规定。

（3）标高符号的尖端应指至被注高度的位置。尖端可向下，也可向上。标高数字应注写在标高符号的上侧或下侧（图1-66）。

（4）标高数字应以"m"为单位，注写到小数点后第三位。在总平面图中，可注写到小数点后第二位。

（5）零点标高应注写成±0.000，正数标高不注"＋"，负数标高应注"－"，如3.000、－0.600。

（6）在图样的同一位置需表示几个不同标高时，标高数字可按图1-67的形式注写。

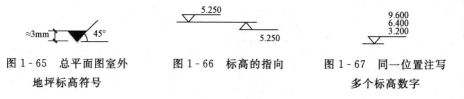

图1-65　总平面图室外　　　　图1-66　标高的指向　　　　图1-67　同一位置注写
　　地坪标高符号　　　　　　　　　　　　　　　　　　　　　　多个标高数字

第三节　制　图　图　例

一、总平面图例

总平面图例，见表1-10。

表1-10　　　　　　　　　　　　　总　平　面　图　例

序号	名称	图例	备注
1	新建建筑物	$X=$ / $Y=$　① 12F/2D　$H=59.00m$	新建建筑物以粗实线表示与室外地坪相接处±0.00的外墙定位轮廓线。 建筑物一般以±0.00高度处的外墙定位轴线交叉点坐标定位。轴线用细实线表示，并标明轴线号。 根据不同设计阶段标注建筑编号，地上、地下层数，建筑高度，建筑出入口位置（两种表示方法均可，但同一图样采用一种表示方法）。 地下建筑物以粗虚线表示其轮廓。 建筑上部（±0.00以上）外挑建筑用细实线表示。 建筑物上部连廊用细虚线表示并标注位置

序号	名称	图例	备注
2	原有建筑物		用细实线表示
3	计划扩建的预留地或建筑物		用中粗虚线表示
4	拆除的建筑物	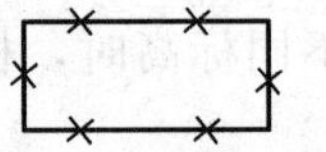	用细实线表示
5	建筑物下面的通道	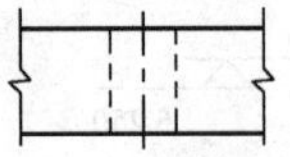	—
6	散状材料露天堆场	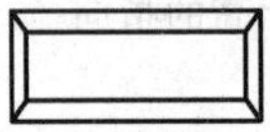	需要时可注明材料名称
7	其他材料露天堆场或露天作业场	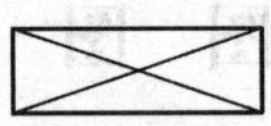	需要时可注明材料名称
8	铺砌场地	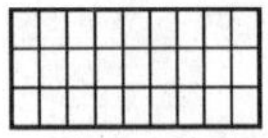	—
9	敞棚或敞廊	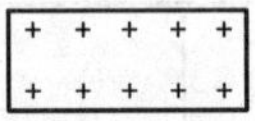	—
10	高架式料仓	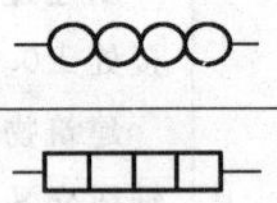	—
11	漏斗式储仓		左、右图为底卸式；中图为侧卸式
12	冷却塔（池）		应注明冷却塔或冷却池
13	水塔、储罐	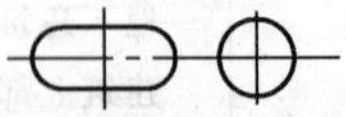	左图为卧式储罐；右图为水塔或立式储罐
14	水池、坑槽		也可以不涂黑

续表

序号	名称	图例	备　注
15	明溜矿槽（井）		—
16	斜井或平硐		
17	烟囱		实线为烟囱下部直径，虚线为基础，必要时可注写烟囱高度和上、下口直径
18	围墙及大门		—
19	挡土墙	5.00 / 1.50	挡土墙根据不同设计阶段的需要标注： 墙顶标高 墙底标高
20	挡土墙上设围墙		—
21	台阶及无障碍坡道	1. 2.	1. 表示台阶（级数仅为示意）； 2. 表示无障碍坡道
22	露天桥式起重机	$G_n=$ (t)	起重机起重量 G_n，以吨计算，"+"为柱子位置
23	露天电动葫芦	G_n- (t)	起重机起重量 G_n，以吨计算，"+"为支架位置
24	门式起重机	$G_n=$ (t) $G_n=$ (t)	起重机起重量 G_n，以吨计算，上图表示有外伸臂；下图表示无外伸臂
25	架空索道		"I"为支架位置
26	斜坡卷扬机道		—

序号	名称	图例	备注
27	斜坡栈桥 (皮带廊等)	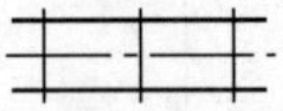	细实线表示支架中心线位置
28	坐标	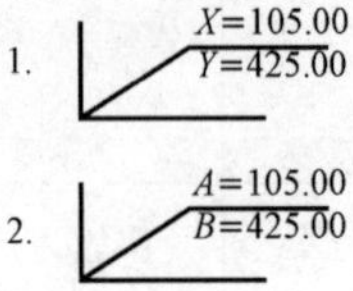 1. $X=105.00$ $Y=425.00$ 2. $A=105.00$ $B=425.00$	1. 表示地形测量坐标系; 2. 表示自设坐标系。 坐标数字平行于建筑标注
29	方格网交叉 点标高	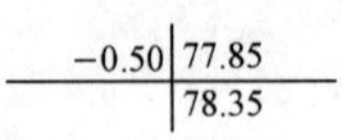 -0.50 ┃ 77.85 78.35	"78.35"为原地面标高, "77.85"为设计标高, "−0.50"为施工高度, "−"表示挖方("+"表示填方)
30	填方区、挖方区、 未整平区及零线	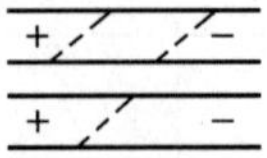 + / − + / −	"+"表示填方区, "−"表示挖方区, 中间为未整平区, 点画线为零点线
31	填挖边坡		—
32	分水脊线与谷线	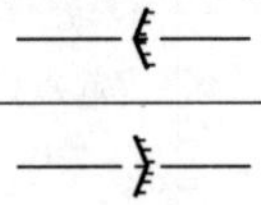	上图表示脊线, 下图表示谷线
33	洪水淹没线	- - - - - - - - -	洪水最高水位以文字标注
34	地表排水方向		—
35	截水沟	 $\frac{1}{40.00}$	"1"表示1%的沟底纵向坡度,"40.00"表示变坡点间距离,箭头表示水流方向
36	排水明沟	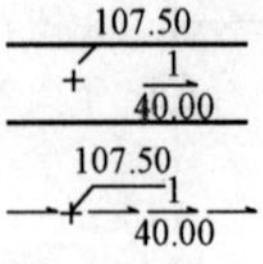 107.50 + $\frac{1}{40.00}$ 107.50 $\frac{1}{40.00}$	上图用于比例较大的图面; 下图用于比例较小的图画; "1"表示1%的沟底纵向坡度,"40.00"表示变坡点间距离,箭头表示水流方向; "107.50"表示沟底变坡点标高(变坡点以"+"表示)
37	有盖板的排水沟	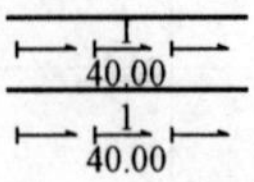 $\frac{1}{40.00}$ $\frac{1}{40.00}$	—

续表

序号	名称	图 例	备 注
38	雨水口	1. 2. 3.	1. 雨水口； 2. 原有雨水口； 3. 双落式雨水口
39	消火栓井		—
40	急流槽		箭头表示水流方向
41	跌水		
42	拦水（闸）坝		—
43	透水路堤		边坡较长时，可在一端或两端局部表示
44	过水路面		—
45	室内地坪标高	151.00 (±0.00)	数字平行于建筑物书写
46	室外地坪标高	143.00	室外标高也可采用等高线
47	盲道		—
48	地下车库入口		机动车停车场
49	地面露天停车场		—
50	露天机械停车场		露天机械停车场

二、园林景观绿化图例

园林景观绿化图例，见表1-11。

表1-11 　　　　　　　　园林景观绿化图例

序号	名称	图例	备注
1	常绿针叶乔木		—
2	落叶针叶乔木		—
3	常绿阔叶乔木		—
4	落叶阔叶乔木		—
5	常绿阔叶灌木		—
6	落叶阔叶灌木		—
7	落叶阔叶乔木林		—
8	常绿阔叶乔木林		—
9	常绿针叶乔木林		—
10	落叶针叶乔木林		—
11	针阔混交林		—
12	落叶灌木林		—

续表

序号	名称	图例	备注
13	整形绿篱		—
14	草坪	1. 2. 3.	1. 草坪，2. 表示自然草坪；3. 表示人工草坪
15	花卉		—
16	竹丛		—
17	棕榈植物		—
18	水生植物		—
19	植草砖		—
20	土石假山		包括"土包石""石抱土"及假山
21	独立景石		
22	自然水体		表示河流以箭头表示水流方向

序号	名称	图例	备注
23	人工水体		—
24	喷泉		—

第二章 投 影 与 透 视

第一节 投 影

一、基本概念

1. 中心投影法

在图 2-1（a）中，把光源抽象为一点 S，称为投影中心，光线称为投影线，P 平面称为投影面。过点 S 与 $\triangle ABC$ 的顶点 A 作投影线 SA，其延长线与投影面 P 交于 a，这个交点称为空间点 A 在投影面 P 上的投影。由此得到投影线 SA、SB、SC 分别与投影面 P 交于 a、b、c，线段 ab、bc、ca 分别是线段 AB、BC、CA 的投影，而 $\triangle abc$ 就是 $\triangle ABC$ 的投影。这种投影线都从投影中心出发的投影法称为中心投影法，所得的投影称为中心投影。

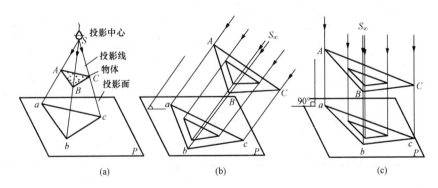

图 2-1　投影的概念

2. 平行投影法

如果将投影中心 S 移至无穷远 S_∞，则所有的投影线都可视为互相平行的，如图 2-1（b）、（c）中用平行投影线分别按给定的投影方向作出 $\triangle ABC$ 在 P 面上的投影 $\triangle abc$，其中 Aa、Bb、Cc 是投影线。这种投影线互相平行的投影法称为平行投影法，所得的投影称为平行投影。

平行投影又分为两种：斜投影和正投影。

（1）斜投影投影方向与投影面倾斜，如图 2-1（b）所示。

（2）正投影投影方向与投影面垂直，如图2-1（c）所示。

3. 投影法的应用

各种投影法在建筑工程中的应用，见表2-1。

表2-1　　　　　　　　　各种投影法在建筑工程中的应用

项　目	内　容
中心投影法	中心投影法，主要用来绘制形体的透视投影图（简称"透视图"）。透视图主要用来表达建筑物的外形或房间的内部布置等。透视图与照相原理相似，相当于将照相机放在投影中心所拍的照片一样，显得十分逼真，如图2-2所示。透视图直观性很强，常用于建筑设计方案比较和展览。但透视图的绘制比较烦琐，建筑物各部分的确切形状和大小不能直接在图中度量
平行投影法	平行投影法，可用来绘制轴测投影图（简称"轴测图"）。轴测图是将形体按平行投影法并选择适宜的方向投影到一个投影面上，能在一个图中反映出形体的长、宽、高三个方向，具有较强的立体感，如图2-3所示。轴测图也不便于度量和标注尺寸，故在工程中常作为辅助图样
正投影法	用正投影法，在两个或两个以上投影面上，作出形体的多面正投影图，如图2-4所示。正投影图的优点是作图较其他图示法简便，便于度量和标注尺寸，工程上应用最广。但它缺乏立体感，需经过一定的训练才能看懂
标高投影法	标高投影图是一种带有数字标记的单面正投影图，如图2-5（a）所示。标高投影常用来表示地面的形状，如图2-5（b）所示

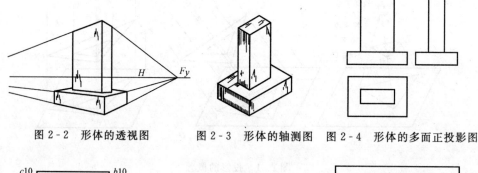

图2-2　形体的透视图　　图2-3　形体的轴测图　图2-4　形体的多面正投影图

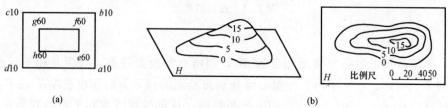

(a)　　　　　　　　　　　　　　　　　　　(b)

图2-5　标高投影图

（a）形体的标高投影图；（b）地形的标高投影图

4. 平行投影的性质

平行投影的性质见表2-2。

表2-2 平行投影的性质

项目	内容
平行性	相互平行的两直线在同一投影面上的平行投影保持平行，如图2-6（a）所示
从属性	属于直线的点，其投影属于该直线的投影，如图2-6（d）所示
定比性	直线上两线段之比等于其投影长度之比，如图2-6（d）所示；平行两线段长度之比等于其投影长度之比，如图2-6（a）所示
积聚性	当直线或平面图形平行于投影线时，其平行投影积聚为一点或一直线，如图2-6（b）、（c）所示
可量性	当线段或平面图形平行于投影面时，其平行投影反映实长或实形，如图2-6（e）、（f）所示

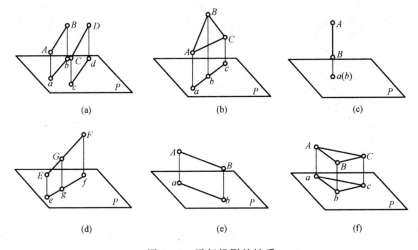

图2-6 平行投影的性质

二、形体的三面投影

1. 三面投影体系的建立

如图2-7所示，如果给定了空间形体及投影面，可以确切地作出该形体的正投影图。反过来，如果仅知道形体的一个投影，形体Ⅰ和Ⅱ在H面上的投影形状和大小是一样的。这样，仅给出这一个投影，就难以确定它所表示的到底是形体Ⅰ，还是形体Ⅱ，或其他几何形体。为了解决这一矛盾，在工程上一般需要两个或两个以上的投影来唯一、确切地表达形体。设置两个互相垂直的投影面组成两投影面体系，两投影面分别称为正立投影面V（简称"V面"）和水平投影

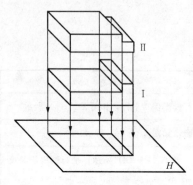

图 2-7 单一投影不能唯一
确定空间形体

面 H（简称"H 面"），V 面与 H 面的交线 OX 称为投影轴，如图 2-8（a）所示。设有一形体四棱台，分别向 V 面和 H 面作投影，则四棱台的水平投影是内外两个矩形，其对应角相连，两个矩形是四棱台上、下底面的投影，四条连接的斜线是棱台侧棱的投影；四棱台的 V 投影是一个梯形线框，梯形的上、下底是棱台的上、下底面的积聚投影，两腰是左、右侧面的积聚投影。如果单独用一个 V 投影表示，它可以是形体 A 或 C；单独用一个 H 投影表示，它可以是形体 A 或 B。只有用 V 投影和 H 投影来共同表示一个形体，才能唯一确定其空间形状，即四棱台 A。

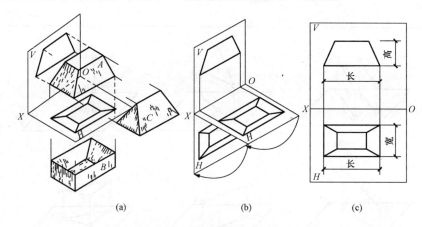

图 2-8 四棱台的两面投影图

作出棱台的两个投影之后，将形体移开，再将两个投影面展开。如图 2-8（b）所示，展开时规定 V 面不动，使 H 面连同水平投影绕投影轴 OX 向下旋转，直至与 V 面同在一个平面上。

有些形体，用两个投影还不能唯一确定它的形状，如图 2-9 所示，于是还要增加一个同时垂直于 V 面和 H 面的侧立投影面（简称"W 面"）。被投影的形体就放置在这三个投影面所组成的空间里。形体 A 的 V、H、W 面投影所确定的形体是唯一的，不可能是 B 和 C 或其他。

2. 三面投影图的展开及特性

V 面、H 面和 W 面共同组成一个三投影面体系，如图 2-10（a）所示。这三个投影面分别两两相交于三条投影轴，V 面和 H 面的交线称为 OX 轴，H 面和 W 面的交线称为 OY 轴，V 面和 W 面的交线称为 OZ 轴，三轴线的交点称为原点。

　　实际作图只能在一个平面（即一张图纸上）进行。为此需要把三个投影面转化为一个平面。如图 2-10（b）规定 V 面固定不动，使 H 面绕 OX 轴向下旋转 90°，W 面绕 OZ 轴向右旋转 90°，于是 H 面和 W 面就同 V 面重合成一个平面。这时 OY 轴分为两条：一条随 H 面转到与 OZ 轴在同一铅直线上，标注为 OY_H；另一条随 W 面转到与 OX 轴在同一水平线上，标注为 OY_W，以示区别，如图 2-10（c）所示。正面投影（V 投影）、水平投影（H 投影）和侧面投影（W 投影）组成的投影图，称为三面投影图。

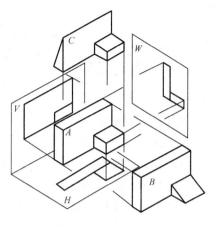

图 2-9　三面投影的必要性

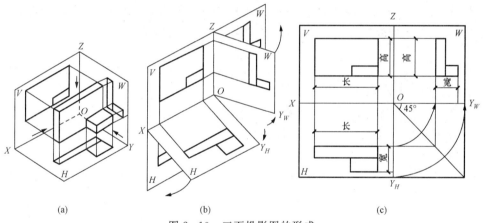

(a)　　　　　　　　(b)　　　　　　　　(c)

图 2-10　三面投影图的形成

　　分析图 2-10 可知，立体的三面投影图有如下特性。

　　（1）形体上平行于 V 面的各个面的 V 投影反映实形，形体上平行于 H 面的各个面的 H 投影反映实形，形体上平行于 W 面的各个面的 W 投影反映实形。

　　（2）水平投影（H 投影）和正面投影（V 投影）具有相同长度，即长对正；正面投影（V 投影）和侧面投影（W 投影）具有相同高度，即高平齐；水平投影（H 投影）和侧面投影（W 投影）具有相同宽度，即宽相等。

　　（3）H 投影靠近 X 轴部分和 W 投影靠近 Z 轴部分与形体的后部相对应，H 投影远离 X 轴部分和 W 投影远离 Z 轴部分与形体的前部相对应。

　　3．三面投影图的画法

　　在画投影图时，首先要根据投影规律对好三视图的位置。在开始作图时，先画上水平联系线，以保证正面投影（V 投影）与侧面投影（W 投影）等高；画上铅垂联系线，以保证水平投影（H 投影）与正面投影（V 投影）等长；利用从原点引出的 45°线（或用以原点 O 为圆心所作的圆弧）将宽度在 H 投影与 W 投影之间互相转移，以保证侧面投影（W 投影）与水平投影（H 投影）等宽。一般情况下，形体的三面投影图应同步进行，也可分步进行，但一定要遵循上述"三等"的投影规律。

三、直线的投影

1. 直线与直线上点的投影

（1）直线的投影。

由平行投影的基本性质可知：直线的投影一般仍为直线，特殊情况下投影成一点。根据初等几何，空间的任意两点确定一条直线。因此，只要作出直线上任意两点的投影，用直线段将两点的同面投影相连，即可得到直线的投影。为便于绘图，在投影图中，通常用有限长的线段来表示直线。

如图 2-11（a）所示，作出直线 AB 上 A、B 两点的三面投影，结果如图 2-11（b）所示，然后将其 H、V、W 面上的同面投影分别用直线段相连，即得到直线 AB 的三面投影 ab、a'b'、a''b''，如图 2-11（c）所示。

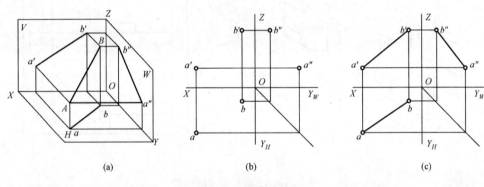

图 2-11　直线的投影

（2）直线上点的投影。

由平行投影的基本性质可知：如果点在直线上，则点的各个投影必在直线的同面投影上，点分割线段之比投影后不变。

如图 2-12 所示，点 K 在直线 AB 上，则点的投影属于直线的同面投影，即 k 在 ab 上，k' 在 a'b' 上，k'' 在 a''b'' 上。此时，$AK:KB=ak:kb=a'k':k'b'=a''k'':k''b''$，可用文字表示：点分线段成比例——定比关系。

反之，如果点的各个投影均在直线的同面投影上，则该点一定属于此直线（图 2-12 中点 K）；否则点不属于直线。在图 2-12 中，尽管 m 在 ab 上，但 m' 不在 a'b' 上，故点 M 不在直线 AB 上。

由投影图判断点是否属于直线，一般分为两种情况。对于与三个投影面都倾斜

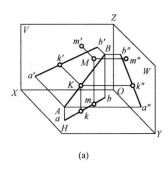 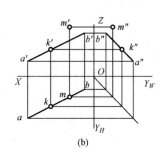

图 2-12 直线上的点的投影

(a) 立体图；(b) 投影图

的直线，只要根据点和直线的任意两个投影便可判断点是否在直线上，如图 2-12
中的点 K 和点 M。但对于与投影面平行的直线，往往需要求出第三投影或根据定
比关系来判断。如图 2-13 所示，尽管 c 在 ab 上，c' 在 $a'b'$ 上 [图 2-13 (a)]，但求
出 W 投影后可知 c'' 不在 $a''b''$ 上 [图 2-13 (b)]，故点 c 不在直线 AB 上。该问题也
可用定比关系来判断，因为 $ac:cb \neq a'c':c'b'$，所以 c 不属于 AB。

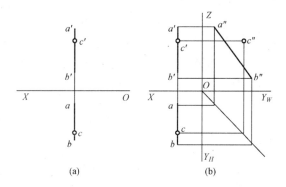

图 2-13 判断点是否属于直线

2. 各种位置直线的投影

直线按其与投影面的位置不同分为 3 种：投影面垂直线、投影面平行线和投
影面倾斜线，其中投影面垂直线和投影面平行线又统称为特殊位置直线。

（1）投影面垂直线。

垂直于某一投影面的直线称为该投影面垂直线。投影面垂直线分为 3 种：铅
垂线垂直于 H 面、正垂线垂直于 V 面和侧垂线垂直于 W 面。

如图 2-14 (a) 所示，AB 为一铅垂线。因为它垂直于 H 面，则必平行于另外
两个投影面，因而 $AB // OZ$。根据平行投影的平行性和积聚性可知：AB 的 V 投影
$a'b' // OZ$，W 投影 $a''b'' // OZ$，$ab = a''b'' = ab$（反映实长），水平投影 a (b) 积聚为一

点，如图 2-14（b）所示。

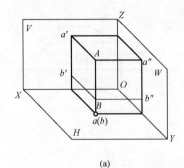
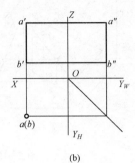

（a）   （b）

图 2-14 铅垂线

（a）立体图；（b）投影图

正垂线和侧垂线也有类似的性质，见表 2-3。

表 2-3   投 影 面 垂 直 线

名称	立体图	投影图	投影特性
铅垂线 （垂直于 H 面）			（1）H 投影 a（b）积聚为一点； （2）V 和 W 投影均平行于 OZ 轴且都反映实长，即 $a'b'$ // OZ，$a''b''$ // OZ，$a'b' = a''b'' = AB$
正垂线 （垂直于 V 面）			（1）V 投影 d'（c'）积聚为一点； （2）V 和 W 投影均平行于 OY 轴且都反映实长，即 cd // OY，$c''d''$ // OY，$cd = c''d'' = CD$
侧垂线 （垂直于 W 面）			（1）W 投影 e''（f''）积聚为一点； （2）V 和 W 投影均平行于 OX 轴且都反映实长，即 $e'f'$ // OX，ef // OX，$ef = e'f' = EF$

综上所述，可以得出投影面垂直线的投影特性。

1）在其所垂直的投影面上的投影积聚为一点。

2）另外两个投影面上的投影平行于同一投影轴并且均反映线段的实长。

（2）投影面平行线。

只平行于某一投影面的直线，称为该投影面平行线。投影面平行线也分为 3 种：正平线（只平行于 V 面）、水平线（只平行于 H 面）和侧平线（只平行于 W 面）。现以图 2-15 所示正平线为例，讨论其投影性质。

在图 2-15 中，AB 为一正平线。因为它平行于 V 面，所以 $\beta=0°$（直线与 H、V、W 面的夹角分别用 α、β、γ 表示）。由 AB 向 V 面投影构成的投影面 $ABb'a'$ 为一矩形，因而 $a'b'=AB$，即正平线的 V 面投影反映线段的实长。AB 上各点的 Y 坐标相等，所以正平线的 H 面和 W 面投影分别平行于 OX 和 OZ，即 $ab//OX$，$a''b''//OZ$，如图 2-15（b）所示。

直线 AB 与 H 面的倾角 $\alpha=\angle BAa''$［图 2-15（a）］，由于 $Aa''\perp W$ 面，故 $Aa''//OX$，故正平线的 V 面投影与 OX 轴的夹角反映直线对 H 面的倾角 α［图 2-15（b）］。同理，正平线的 V 面投影与 OZ 轴的夹角反映直线对 W 面的倾角 γ。

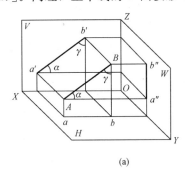   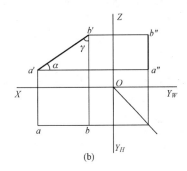

(a)   (b)

图 2-15 正平线

(a) 立体图；(b) 投影图

水平线和侧平线也有类似的投影性质，见表 2-4。

表 2-4   投 影 面 平 行 线

名称	立体图	投影图	投影特性
正平线（只平行于 V 面）			(1) $ab//OX$，$a''b''//OZ$； (2) $a'b'$ 倾斜且反映实长； (3) $a'b'$ 与 OX 轴夹角即为 α，$a'b'$ 与 OZ 轴夹角即为 γ

续表

名称	立体图	投影图	投影特性
水平线 （只平行于 H 面）			（1）$c'd'$ // OX，$c''d''$ //OY_W； （2）cd 倾斜且反映实长； （3）cd 与 OX 轴夹角即为 β，cd 与 OY_H 轴夹角即为 γ
侧平线 （只平行于 W 面）			（1）$e'f'$ // OZ，ef //OY_H； （2）$e''f''$ 倾斜且反映实长； （3）$e''f''$ 与 OY_W 轴夹角即为 α，$e''f''$ 与 OZ 轴夹角即为 β

综上所述，可以得出投影面平行线的投影特性。

1）在其所平行的投影面上的投影反映线段的实长。

2）在其所平行的投影面上的投影与相应投影轴的夹角反映直线与相应投影面的实际倾角。

3）另外两个投影平行于相应的投影轴。

3. 投影面倾斜线的实长与倾角

（1）投影分析。

投影面倾斜线的倾斜状态虽然千变万化，但归纳起来，不外乎有如图 2-16 所示的 4 种。这些状态可用直线的一端到另一端的指向来表示。在其上随意定出两点，如图 2-16 （a）的 a、b 两点，比较这两点的相对位置。从 V 投影可知，点 b 在点 a 之上和之右；从 H 投影可知，点 b 在点 a 之后。因此，直线 ab 的指向是从左前下到右后上；反之，直线 ba 的指向是从右后上到左前下。

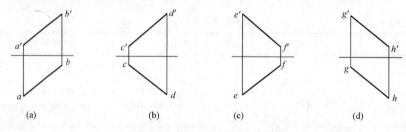

图 2-16　投影面倾斜线的指向

如图 2-16（b）、（c）、（d）所示，直线 cd 的指向是从左后下到右前上，ef 是从左前上指向右后下，gh 是从左后上指向右前下。其中，ab 和 cd 又称上行线，ef 和 gh 又称下行线。

（2）线段的实长和倾角。

从各种位置直线的投影特性可知，特殊位置直线（即投影面垂直线和投影面平行线）的某些投影能直接反映出线段的实长和对某投影面的实际倾角，由于投影面倾斜线对 3 个投影面都倾斜，故 3 个投影均不能直接反映其实长和倾角。下面介绍用直角三角形法求其线段实长和倾角的原理及作图方法。

如图 2-17（a）所示，AB 为投影面倾斜线。过点 A 在垂直于 H 面的投射面 $ABba$ 上作 $AB_0 /\!/ ab$ 交 Bb 于 B_0，则得到一个直角 $\triangle ABB_0$。在此三角形中，斜边为空间线段本身（实长），线段 AB 对 H 面的倾角 $\alpha = \angle BAB_0$，两条直角边 $AB_0 = ab$，$BB_0 = \Delta Z_{AB}$。

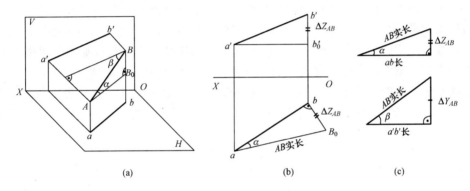

图 2-17 求线段的实长和倾角

在投影图中若能作出与直角 $\triangle ABB_0$ 全等的三角形，便可求得线段 AB 的实长及对 H 面的倾角 α。我们称这种方法为直角三角形法。

四、平面的投影

1. 平面的表示

（1）投影元素表示。

平面是广阔无边的，它在空间的位置可用下列投影元素来确定和表示。

1）不在同一直线上的三个点，如图 2-18（a）中点 A、B、C 的投影。

2）一直线及线外一点，如图 2-18（b）中点 A 和直线 BC 的投影。

3）相交二直线，如图 2-18（c）中直线 AB 和 AC 的投影。

4）平行二直线，如图 2-18（d）中直线 AB 和 CD 的投影。

5）平面图形，如图 2-18（e）中 $\triangle ABC$ 的投影。

确定位置，就是说通过上列每一组元素只能作出唯一的一个平面。为了明显起见，通常用一个平面图形（如平行四边形或三角形）表示一个平面。如果说平

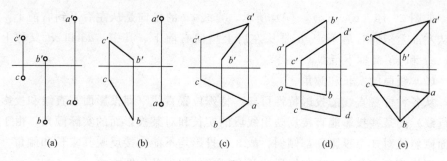

图 2-18　用几何元素表示平面

面图形 ABC，是指在三角形 ABC 范围内的那一部分平面；如果说平面 ABC，则应该理解为通过三角形 ABC 的一个广阔无边的平面。

（2）迹线表示。

平面还可以由它与投影面的交线来确定其空间位置。平面与投影面的交线称为迹线。平面与 V 面的交线称为正面迹线，以 P_V 标记；与 H 面的交线称为水平迹线，以 P_H 标记，如图 2-19（a）所示。用迹线来确定其位置的平面称为迹线平面。实质上，一般位置的迹线平面就是该平面上相交二直线 P_V 和 P_H 所确定的平面。如图 2-19（b）所示，在投影图上，正面迹线 P_V 的 V 投影与 P_V 本身重合，P_V 的 H 投影与 OX 轴重合，不加标记，水平迹线 P_H 的 V 投影与 OX 轴重合，P_H 的 H 投影与 P_H 本身重合。

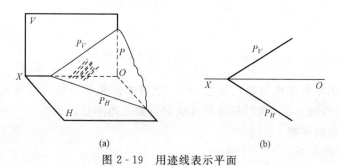

图 2-19　用迹线表示平面

2. 平面对投影面的相对位置

（1）投影面平行面。

平行于某一投影面的平面称为投影面平行面。投影面平行面分为 3 种：水平面（平行于 H 面）、正平面（平行于 V 面）和侧平面（平行于 W 面）。

如图 2-20（a）所示，矩形 ABCD 为一水平面。由于它平行于 H 面，所以其在 H 面投影 abcd≌ABCD，即水平面的水平投影反映平面图形的实形。因为水平面在平行于 H 面的同时一定与 V 面和 W 面垂直，所以其 V 面和 W 面投影积聚成直线段且分别平行 OX 轴和 OY_W 轴，如图 2-20（b）所示。

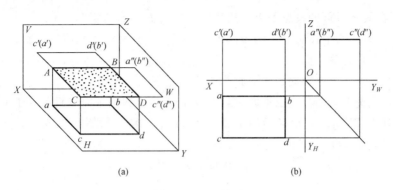

图 2-20 水平面

(a) 立体图；(b) 投影图

正平面和侧平面也有类似的投影特性，见表 2-5。

表 2-5　　　　　　　　　投 影 面 平 行 面

名称	立体图	投影图	投影特性
水平面 （平行于 H 面）			(1) H 投影反映实形； (2) V 投影积聚为平行于 OX 的直线段； (3) W 投影积聚为平行于 OY_W 的直线段
正平面 （平行于 V 面）			(1) V 投影反映实形； (2) H 投影积聚为平行于 OX 的直线段； (3) W 投影积聚为平行于 OZ 的直线段
侧平面 （平行于 W 面）			(1) W 投影反映实形； (2) H 投影积聚为平行于 OY_H 的直线段； (3) V 投影积聚为平行于 OZ 的直线段

综上所述，可得到投影面平行面的投影特性。

1）在其所平行的投影面上的投影，反映平面图形的实形。

2）在另外两个投影面上的投影均积聚成直线且平行于相应的投影轴。

（2）投影面垂直面。

只垂直于一个投影面的平面称为投影面垂直面。投影面垂直面分为 3 种：铅垂面（只垂直于 H 面）、正垂面（只垂直于 V 面）和侧垂面（只垂直于 W 面）。

如图 2-21 所示，矩形 $ABCD$ 为一铅垂面，其 H 投影积聚成一直线段，该投影与 OX 轴和 OY_H 轴的夹角为该平面与 V、W 面的实际倾角 β 和 γ，其 V 面和 W 面投影仍为四边形（类似形），但都比实形小。

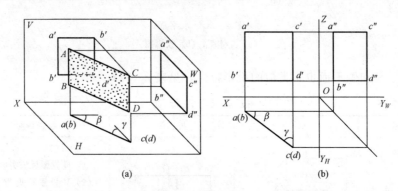

图 2-21　铅垂面

（a）立体图；（b）投影图

正垂面和侧垂面也有类似的投影特性，见表 2-6。

表 2-6　　　　　　投 影 面 垂 直 面

名称	立体图	投影图	投影特性
铅垂面（只垂直于 H 面）			（1）H 投影积聚为一斜线且反映 β 和 γ 角；（2）V、W 投影为类似形
正垂直（只垂直于 V 面）			（1）V 投影积聚为一斜线且反映 α 和 γ 角；（2）H、W 投影为类似形

续表

名称	立体图	投影图	投影特性
侧垂面 （只垂直于 W 面）	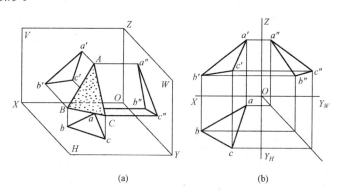		（1）W 投影积聚为一斜线且反映 α 和 β 角； （2）H、V 投影为类似形

综上所述，得到投影面垂直面的投影特性。

1）在其所垂直的投影面上的投影积聚成一条直线。

2）其积聚投影与投影轴的夹角，反映该平面与相应投影面的实际倾角。

3）在另外两个投影面上的投影为小于原平面图形的类似形。

（3）投影面倾斜面。

投影面倾斜面（又称一般位置平面）与 3 个投影面都倾斜，如图 2-22（a）所示。投影面倾斜面的三面投影都没有积聚性，也都不反映实形，均为比原平面图形小的类似形。

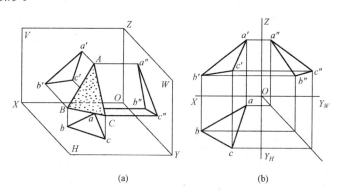

（a）   （b）

图 2-22 投影面倾斜面

（a）立体图；（b）投影图

3．平面上的点和线

（1）平面上取点和直线。

直线和点在平面上的几何条件：如果一直线经过一平面上两已知点或经过面上一已知点且平行于平面内一已知直线，则该直线在该平面上；如果一点在平面内一直线上，则该点在该平面上。如图 2-23 所示，D 在 $\triangle SBC$ 的边 SB 上，故 D 在 $\triangle SBC$ 上；DC 经过 $\triangle SBC$ 上两点 C、D，故 DC 在平面 $\triangle SBC$ 上；点 E 在

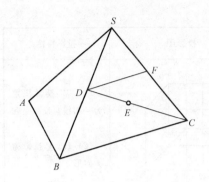

图 2-23 平面上的点和直线

DC 上，故点 E 在△SBC 上；直线 DF 过 D 且平行于 BC，故 DF 在△SBC 上。

（2）平面上的投影面平行线。

如图 2-24 所示，△ABC 的边 BC 的投影是水平线，边 AB 的投影是正平线，它们都称为平面△ABC 上的投影面平行线。实际上，投影面倾斜面上有无数条正平线、水平线及侧平线，每一种投影面平行线都互相平行。如图 2-24 所示的 BC 和 EF 的投影，它们都是水平线，且 BC 和 EF 都在△ABC 上，所以它们相互平行，$b'c' /\!/ e'f' /\!/ OX$（V 投影 $/\!/ OX$ 是水平线的投影特点），$bc /\!/ ef$。

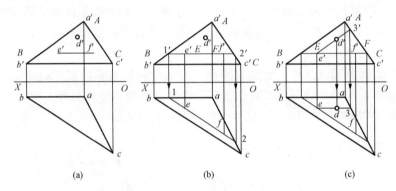

图 2-24 平面上的投影面平行线

如图 2-25 所示，要在平面上作水平线或正平线，需先作水平线的 V 投影或正平线的 H 投影（均平行于 OX 轴），然后再作直线的其他投影。

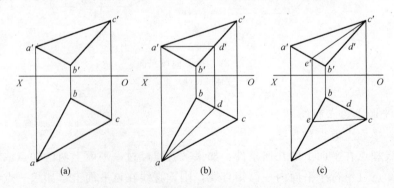

图 2-25 在平面内作水平线和正平线

(a) 已知平面；(b) 作水平线；(c) 作正平线

五、立体的投影

1. 平面立体的投影

（1）棱柱体。

棱柱由上、下底面和若干侧面围成，如图 2-26 所示。其上、下底面形状和大小完全相同且相互平行；每两个侧面的交线为棱线，有几个侧面就有几条棱线；各棱线相互平行且都垂直于上、下底面。

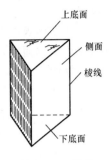

图 2-26　棱柱

以正六棱柱为例，介绍棱柱的投影特点，如图 2-27（a）所示。正六棱柱由六个侧面和上、下底面围成，上、下底面都是正六边形且相互平行；六个侧面两两相交为六条相互平行的棱线，六条棱线垂直于上、下底面。当底面平行于 H 面时，得到如图 2-27（b）所示的三面投影图（本书以后的投影图一般不再画投影轴，三面投影按照"长对正，高平齐，宽相等"的关系摆放）。在 H 投影上，由于各棱线垂直于底面，即垂直于 H 面，所以 H 投影均积聚为一点，这是棱柱投影的最显著特点，如 a（a_1）、b（b_1）等；相应地，各侧面也都积聚为一条线段，如 a（a_1）b（b_1）、a（a_1）c（c_1）等；上、下底面反映实形（水平面），投影仍为正六边形（上底面投影可见，下底面不可见）。在 V 投影上，上、下底面投影积聚为上、下两条直线段；各侧面投影为实形（如 $a'b'b_1'a_1'$）或类似形（如 $c'a'a_1'c_1'$）；由于各棱线均为铅垂线，所以 V 投影都反映实长。在 W 投影上，上、下底面仍积聚为直线段，各侧面投影为类似形（如 $c''a''a_1''c_1''$）或积聚为直线段如 a''（b''）a_1''（b_1''），各棱线仍反映实长。

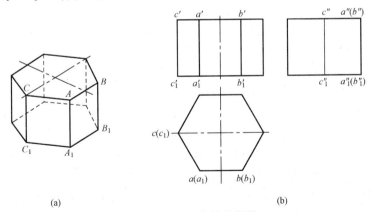

（a）　　　　　　　　　　　　　　（b）

图 2-27　正六棱柱的投影

在立体的投影图中，应能够判别各侧面及各棱线的可见性。判别的原则是，根据其前后、上下、左右的相对位置来判断其 V、H、W 投影是否可见。如在图 2-27（b）中，由于六棱柱的上底面在上，所以其 H 投影可见；下底面在下，被六棱柱本身挡住，自然其 H 投影不可见。在 W 投影中，由于棱线 AA_1 在左，W 投影可见，而 BB_1 在右，W 投影不可见。应注意到正六棱柱为前后对称形，因此，在 V 投影中，位于形体前面的三个侧面 V 投影都可见，而后面的三个侧面 V 投影都不可见。

平面立体表面取点的方法与平面上取点的方法相同。但必须注意的是，应确定点在哪个侧面上，从而根据侧面所处的空间位置，利用其投影的积聚性或在其上作辅助线，求出点在侧面上的投影。

（2）棱锥体。

棱锥由一个底面和若干个侧面围成，各个侧面由各条棱线交于顶点，顶点常用字母 S 来表示。如图 2-28（a）所示为一个三棱锥，其底面为△ABC，顶点为 S，三条棱线分别为 SA、SB、SC。三棱锥底面为三角形，有三个侧面及三条棱线；四棱锥的底面为四边形，有四个侧面及四条棱线；依此类推。

在作棱锥的投影图时，通常将其底面水平放置，如图 2-28（b）所示。因而，在其 H 投影中，底面反映实形；在 V、W 投影中，底面均积聚为一直线段；各侧面的 V、W 投影通常为类似形，但也可能积聚为直线段，如该图中$s''a''$（c''）。

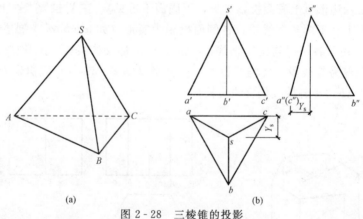

图 2-28　三棱锥的投影

（a）立体图；（b）投影图

以图 2-28（b）为例判别棱锥三面投影的可见性。在 H 投影中，底面在下不可见，而三个侧面及三条棱线均可见；在 V 投影中，位于后面的侧面△SAC 不可见，另外两个侧面△SAB 和△SBC 均为可见；在 W 投影中，侧面△SAB 在左，投影可见，侧面△SBC 不可见，另一侧面投影积聚于 $s''a''$（c''）。

在棱锥表面上取点、线时，应注意其在侧面的空间位置。组成棱锥的侧面有特殊位置平面，也有一般位置平面，在特殊位置平面上作点的投影，可利用投影积聚性作图；在一般位置平面上作点的投影，可选取适当的辅助线作图。

2. 平面与平面立体截交的投影

平面与立体相交，可想象为平面截割立体，此平面称为截平面，所得交线称为截交线，由截交线围成的平面图形称为截面或截断面，如图 2-29 所示。

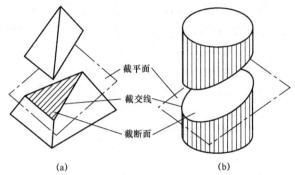

图 2-29　平面与立体截交

截交线的性质如下。

（1）截交线是闭合的平面折线。

（2）截交线是截平面与立体表面的共有线。

平面与立体截交产生的截交线为闭合的平面折线，截断面的形状是一个平面多边形。多边形的边数由立体上参与截交的侧面（或底面）的数目决定，或由参与截交的棱线（或边线）的数目决定。每条边就是截平面与侧面的交线，每个转折点就是截平面与棱线的交点。因此，在求解截交线时，只要求出截交线与棱线的交点，依次连接即可。

如图 2-30 所示，六棱柱被一正垂面 P 所截。由于棱柱的六个侧面参与截交（即六条棱线参与截交），因此截交线为一平面六边形。若已知 V 投影，求解被截后的其他投影，则可求出参与截交的六条棱线与截平面的交点，依次连接各点即可。

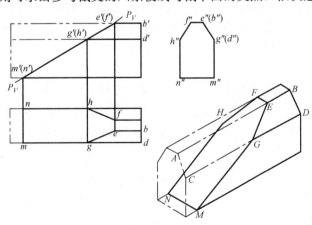

图 2-30　棱柱体的截交线

3. 两平面立体相贯的投影

两个立体相交称为相贯，参加相贯的立体称为相贯体，其表面交线称为相贯线。

根据相贯体表面性质的不同，两相贯立体有 3 种不同的组合形式：两平面体相贯 [图 2-31 (a)]、平面体与曲面体相贯 [图 2-31 (b)] 和两曲面体相贯 [图 2-31 (c)]。

根据两相贯立体相贯位置的不同，有"全贯"和"互贯"两种情况。当甲、乙两立体相贯，如果甲立体上的所有棱线（或素线）全部贯穿乙立体时，产生两组相贯线，称为全贯，如图 2-31 (c) 所示；如果甲、乙两立体分别都有部分棱线（或素线）贯穿另一立体时，产生一组相贯线，称为互贯，如图 2-31 (a) 所示。

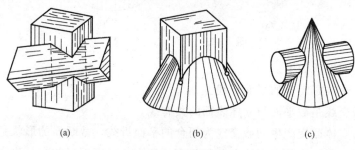

(a)　　　　　　　　(b)　　　　　　　　(c)

图 2-31　两立体相贯

由于相贯体的组合和相对位置不同，相贯线表现为不同的形状和数目，但任何两立体的相贯线都具有下列两个基本性质。

（1）相贯线是两相贯立体表面的共有线，是一系列共有点的集合。

（2）由于立体具有一定的范围，所以相贯线一般是闭合的空间折线或空间曲线，特殊情况下也可能是平面曲线或直线。

两平面立体的相贯线是闭合的空间折线。组成折线的每一直线段都是两相贯体相应侧面的交线，折线的各个顶点则为甲立体的棱线对乙立体的贯穿点（棱线与立体的交点）或是乙立体的棱线对甲立体的贯穿点，如图 2-32 (a) 和图 2-32 (c) 所示。

从上述分析可得出求两平面立体相贯线的方法。即只要求出各条参加相贯的棱线与另一立体表面的贯穿点，将其依次连接即可。应当注意，在连线时还需判别各部分的可见性。只有位于两立体上都可见的表面上的交线才是可见的；只要有一个表面不可见，则其交线就不可见。

六、轴测投影

1. 轴测投影图

（1）正等轴测投影图。

1）正等轴测投影图（简称正等测图）的轴间角均为 120°。一般将 O_1Z_1 轴铅

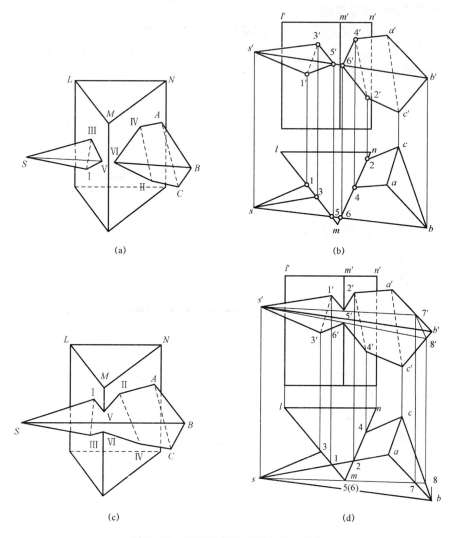

图 2-32 三棱柱与三棱锥全贯、互贯

直放置，O_1X_1 和 O_1Y_1 轴分别与水平线成 30°角，如图 2-33 所示。

2）正等测图中各轴向变形系数的平方和等于 2，由此可得 $p=q=r≈0.82$，为了作图方便，常把轴向变形系数取为 1，这样画出的正等测图各轴向尺寸将为实际情况的 1.22 倍。

3）作形体的正等测图，最基本的画法为坐标法，即根据形体上各特征点的 X、Y、Z 坐标，求出各点的轴测投影，然后连成形体表面的轮廓线。

（2）坐标平面圆的正等轴测投影图。

在轴测投影图中，由于各坐标平面均倾斜于轴测投影面，所以平行于坐标平面圆的正等测图都是椭圆。

如图 2-34 所示平行于坐标平面圆的正等测图，都是大小相同的椭圆，作图时可采用近似方法——四心法，椭圆由四段圆弧组成。现以水平圆为例，介绍其正等测投影图的画法。

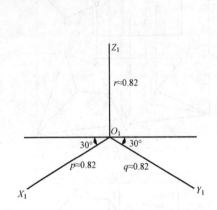

图 2-33 轴间角及轴向变形系数

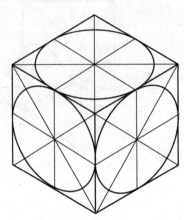

图 2-34 平行于坐标平面圆的正等测图

1）如图 2-35（a）所示半径为 R 的水平圆。

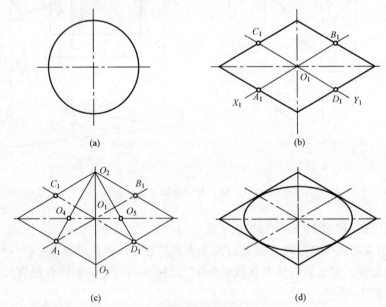

图 2-35 圆的正等测图近似画法

2）作轴测轴 O_1X_1、O_1Y_1 分别与水平线成 30°角，以 O_1 为中心，沿轴测轴向两侧截取半径长度 R，得到四个端点 A_1、B_1、C_1、D_1，然后，分别过 A_1、B_1 作 O_1Y_1 轴平行线，过 C_1、D_1 作 O_1X_1 轴平行线，完成菱形，如图 2-35（b）所

示。

3）菱形短对角线端点为 O_2、O_3，连接 O_2A_1、O_2D_1 分别交菱形长向对角线于 O_4、O_5 点。O_2、O_3、O_4、O_5 即为四心法中的四心，如图 2-35（c）所示。

4）分别以 O_2、O_3 为圆心，O_2A_1 为半径，画圆弧 A_1D_1、C_1B_1；分别以 O_4、O_5 为圆心，O_4A_1 为半径，画圆弧 A_1C_1、B_1D_1。四段圆弧两两相切，切点分别为 A_1、D_1、B_1、C_1。完成近似椭圆，如图 2-35（d）所示。

如果求铅直圆柱的正等测投影图，可按上述步骤画出圆柱顶面圆的轴测图，然后按圆柱的高度平移圆心，即可得到圆柱的正等测图，如图 2-36 所示。

平面图中圆角的正等测图画法如图 2-37 所示。

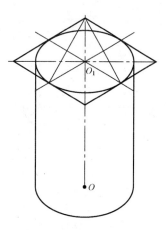

图 2-36　圆柱正等测图画法

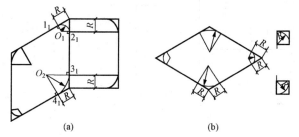

(a)　　　　　　　　(b)

图 2-37　圆角正等测图画法

（a）侧平面圆角的近似画法；（b）水平面圆角的近似画法

（3）斜轴测投影图类型，见表 2-7。

表 2-7　　　　　　　　　斜 轴 测 投 影 图 类 型

项　目	内　容
正面斜二测	根据平行投影的特性，正面斜二测中，轴间角为 $X_1O_1Z_1=90°$，平行于 O_1X_1 轴、O_1Z_1 轴的线段其轴向变形系数 $p=r=1$，即轴测投影长度不变，另外两个轴间角均为 135°，沿 O_1Y_1 轴方向的轴向变形系数 $q=1/2$，如图 2-38 所示
水平斜等测	水平斜等测，轴间角 $\angle X_1O_1Y_1=90°$，形体上水平面的轴测投影反映实形，即 $p=q=1$，习惯上，仍将 O_1Z_1 轴铅直放置，取 $\angle Z_1O_1X_1=120°$，$\angle Z_1O_1Y_1=150°$，沿 O_1Z_1 轴的轴向变形系数 r 仍取 1，如图 2-39 所示。水平斜等测，适宜绘制建筑物的水平剖面图或总平面图。它可以反映建筑物的内部布置、总体布局及各部位的实际高度

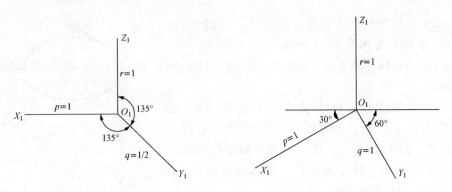

图 2 - 38　正面斜二测轴间角和轴向变形系数　　图 2 - 39　水平斜等测轴间角及轴向变形系数

2. 轴测投影的选择

在选择轴测图类型时，应注意形体上的侧面和棱线尽量避免被遮挡、重合、积聚及对称，否则轴测图将失去丰富的立体效果，如图 2 - 40 所示。

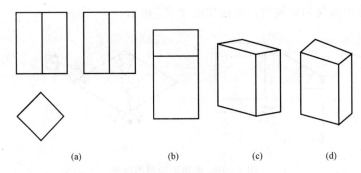

图 2 - 40　轴测图的选择

（a）投影图；（b）正等测图；（c）正二测图；（d）斜二测图

此外，还要考虑选择作轴测图时的投影方向。常用的方向如图 2 - 41 所示。图 2 - 41（b）是从形体的左、前、上方向右、后、下方投影所得的轴测图，该图各轴按常规设置。图 2 - 41（c）是从形体的右、前、上方向左、后、下方投影所得的轴测图，相当于图 2 - 41（b）中的各轴绕 $O'Z'$ 轴顺时针旋转了 $90°$。图 2 - 41（d）是从形体的左、前、下方向右、后、上方投影所得的轴测图，与图 2 - 41（b）比较，是将 $O'X'$、$O'Y'$ 轴反方向画出。图 2 - 41（e）是从形体的右、前、下方向左、后、上方投影所得的轴测图，与图 2 - 41（d）比较，相当于各轴绕 $O'Z'$ 轴逆时针旋转了 $90°$。

七、组合体的投影

1. 组合体的组成方式

组合体的组成方式，见表 2 - 8。

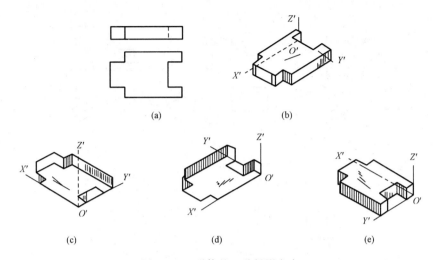

图 2-41 形体的四种投影方向

（a）投影面；（b）从左、前、上方向右、后、下方投影；（c）从右、前、上方向左、后、下方投影；

（d）从左、前、下方向右、后、上方投影；（e）从右、前、下方向左、后、上方投影

表 2-8 组 合 体 的 组 成 方 式

项 目		内 容
叠加型	平齐	两基本体相互叠加时部分表面平齐共面，则在表面共面处不画线。在图 2-42（a）中，两个长方体前后两个表面平齐共面，故正面投影中两个体表面相交处不画线
	相错	两基本体相互叠加时部分表面不共面相互错开，则在表面错开处应画线。在图 2-42（b）中，上面长方体的侧面与下方长方体的相应侧面不共面，相互错开，因此在正面投影与侧面投影中表面相交处画线
叠加型	相交	两基本体相互叠加时相邻表面相交，则在表面相交处应画线。在图 2-42（c）中，下面长方体前侧面与上方棱柱体前方斜面相交，相交处有线。在图 2-42（d）中，长方体前后侧面与圆柱体柱面相交产生交线
	相切	两基本体相互叠加时相邻表面相切，由于相切处是光滑过渡的，则在表面相交处不应画线。在图 2-42（e）中，长方体前后侧面与圆柱体柱面相切，正面投影图在表面相切处不画线
切割型		由基本体经过切割而形成的形体称为切割型组合体。如图 2-43 所示的组合体可以看成一个四棱柱体在左上方切去一个三棱柱，再在左前方和左后方切去两个楔形体而形成的
综合型		由若干基本体经过切割，然后再叠加到一起而形成的组合体称为综合型组合体。图 2-44 是一个综合型组合体，它由两个长方体组成，上面长方体被切掉一个三棱柱和一个梯形棱柱体，下面长方体在中间被切掉一个小三棱柱

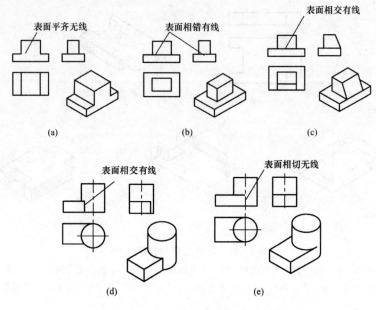

图 2-42　叠加型组合体及其表面关系

(a) 平齐；(b) 相错；(c) 相交；(d) 相交；(e) 相切

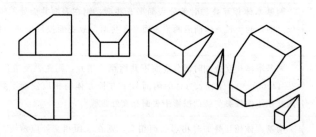

图 2-43　切割型组合体

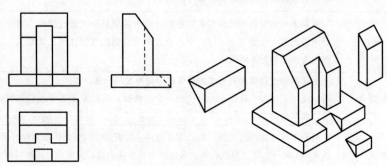

图 2-44　综合型组合体

2. 组合体投影图的画法

（1）形体分析。

首先对组合体进行形体分析，确定组合体的组成类型，明确组合体各部分的构成情况及相对位置关系，对组合体有个总体概念。如图 2-45 所示，该形体可以看成由一个水平放置的长方体、半圆柱体和一个竖直放置的长方体组合而成。其中，水平放置的长方体和半圆柱体之间挖了一个圆柱孔，竖直放置的长方体上切去一个三棱柱。

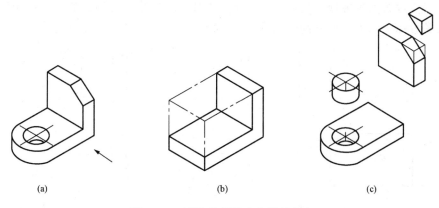

（a）   （b）   （c）

图 2-45　形体分析及确定投射方向

（2）选择正面投影的投射方向及投影图数量。

正面投影图是形体的主要投影图，正面投影的选择影响形体表达效果。在选择正面投影的投射方向时一般遵循以下三个原则。

1）尽量让正面投影反映形体的主要特征。

2）将形体按正常工作位置放置。按生产工艺和安装要求放置形体，如房屋建筑中的梁应水平放置，而柱子则应竖直放置。

3）尽量使投影图中虚线最少。

在绘制具体形体投影图时，以上三个原则要灵活把握，对图 2-45 中的形体选择图示投射方向（箭头所指）为好。正立面图的投影方向确定后，水平投影和侧面投影的方向也就随之确定。选择投影图数量时要在保证形体表达完整清晰的前提下，尽量采用较少的投影图。

（3）确定比例和图幅。

选择好投射方向后，要确定绘图比例和图纸幅面尺寸。比例及图幅的选择互为约束，应同时进行，二者兼顾考虑。一种方法是先选定比例，确定投影图的大小（包括尺寸布置所需位置），留出投影图名的位置及投影图间隔，据此决定图纸大小，进而定出图纸幅面；另一种方法是先选定图幅大小，再根据投影图数量和布局，定出比例，如果比例不合适，则要再调整图幅和定出比例。要使投影图在图纸上大小适当，投影图之间的距离大致相等，图面整体布置合理。

（4）绘制投影图。

绘制投影图时一般采用如下步骤。

1）画底稿线。先确定好投影图在图纸上的位置，一般先画出定位线或基准线，然后按照"先主后次、先大后小、先整体后局部"的顺序绘制组合体各部分的投影图。在绘制时，先画最能反映形体特征的投影，然后利用投影规律将投影图配合起来画。如图 2 - 46 所示，先画出组合体中水平方向的长方体，再画出右上方竖直放置的长方体，然后画出水平长方体上半圆柱体和圆孔的水平投影图和竖直长方体上切去三棱柱的侧面投影，最后完成该形体的三面投影图。

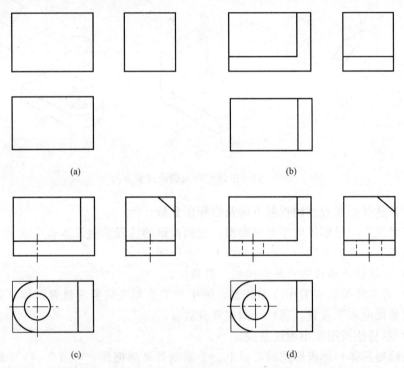

图 2 - 46　组合体投影图的画图步骤

2）布置尺寸标注。

3）检查修改。画完底稿后要对所画投影图进行检查，要注意检查各形体的相对位置，表面的连接关系，不要多线少线。

4）加深图线并注写尺寸数字和图名等。检查无误后，按制图标准规定的线型线宽加深。加深图线的顺序是"先上后下、先左后右、先细后粗、先曲后直"。

3. 组合体投影图的阅读

(1) 读图的基础。

1) 几个投影图要联系起来读。

组合体是用多面正投影来表达的，而在每一个投影图中只能表示形体的长、宽、高三个基本方向中的两个，因此不能只看了一个投影图就下结论。

由图 2-47 可见，一个投影图不能唯一确定形体的形状。只有把各个投影图按"长对正，高平齐，宽相等"的规律联系起来阅读，才能读懂。

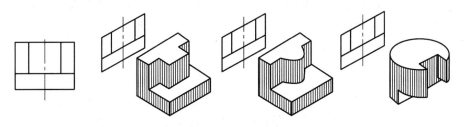

图 2-47 一个投影图不能确定形体的形状

2) 注意形体的方位关系。

正面投影反映形体左右和上下方向的位置关系，不反映形体前后方向的位置关系；水平投影反映形体左右和前后方向的位置关系，不反映形体上下方向的位置关系；侧面投影反映形体上下和前后方向的位置关系，不反映形体左右方向的位置关系。通过投影图判断形体中各个部分的空间位置关系，可以准确地判断投影的可见性，进而帮助人们更清楚地理解整个形体。

3) 认真分析形体间相邻表面的相对位置。

读图时，要注意分析投影图中反映形体之间有关联的图线，判断各形体间的相对位置。如图 2-48 (a) 所示的正立面图中，三角形肋板与底板之间为粗实线，说明它们的前表面不共面；结合平面图和左侧立面图可以判断出肋板只有一块，位于底板中间。而图 2-48 (b) 的正立面图中，三角肋板与底板之间为虚线，说明其前表面是共面的，结合平面图、左侧立面图可以判断三角肋板有前后两块。

另一方面，以图 2-48 所示的两个形体来比较，它们的平面图和左侧立面图完全相同，仅仅因为正立面图中的一段折线分别为实线和虚线的区别，便呈现出中间肋板的较大差异。

4) 掌握各种位置直线、平面的投影特征。

5) 弄清投影图中图线、线框的空间含义。

在读图时，要注意投影图中每条图线、每个封闭线框的空间含义。弄清投影图中图线、封闭线框的空间含义有利于想象整个形体的空间形状。如图 2-49 所示，投影图中图线、封闭线框的空间含义有多种可能情况。

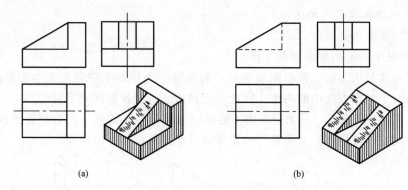

(a)   (b)

图 2-48 判断形体间的相对位置

(a) 一块肋板；(b) 两块肋板

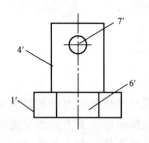

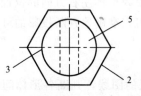

图 2-49 图线、线框的含义

①图 2-49 中图线的空间含义有下面三种可能：表示相邻两个表面的交线（一条或多条）的投影。图中 1′ 表示六棱柱两个侧面的交线（即棱线）的投影；表示平面或曲面的积聚投影。图中 2 表示六棱柱侧面的积聚投影，3 表示圆柱体柱面的积聚投影；表示曲面体的转向轮廓线的投影。图中 4′ 表示圆柱体上最左轮廓线的投影。

②该投影图中封闭线框的空间含义有下面三种可能：表示一个平面或曲面。图中 5 表示圆柱体上底面的投影；表示多个平面的重合投影。图中 6′ 表示六棱柱最前、最后两个侧面的重合投影；表示形体上的孔或槽的投影。图中 7′ 表示圆柱体上小圆孔的投影。

6）反复对照。

读图过程中要把想象中的形体与给定的投影图反复对照，再不断修正想象中形体的形状，只有图与物不互相矛盾时，才能最后确认。

（2）读图的方法。

1）形体分析法。

在投影图中，根据形状特征比较明显的投影，将其分成若干个基本体并按各自的投影关系分别想象出各个基本体的形状，然后把它们组合起来，想象出组合体的整体形状，这种方法称为形体分析法。用形体分析法读图，可按下列步骤进行（以图 2-50 为例）。

①分线框将组合体分解成若干个基本体。由于组合体的投影图表现为线框，可以从反映形体特征的正立面图入手，如图 2-50 (a) 所示，将正立面图初步分为 1′、2′、3′、4′ 四个部分（线框）。

②对某一基本体，通过对照其他投影图，找出与之对应的投影，确认该基本体并想象出它的形状。在平面图和左侧立面图中与前述1′、3′相对应的线框是1、3和1″、3″，由此得出简单体Ⅱ和Ⅲ，如图2-50（b）所示；与2′对应的线框，平面图是2，但左侧立面图中却是a″和b″两个线框，这是因为其所对应的是上顶面为斜面的简单体Ⅱ；至于4′线框体现的是与左边Ⅱ相对称的部分。

③想象整体形状。读懂各基本体之间的相对位置，得出组合体的整体形状，如图2-50（c）所示。

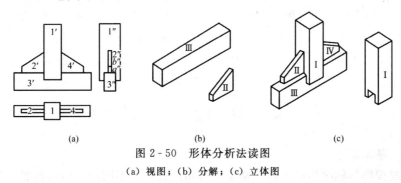

图 2-50　形体分析法读图

(a) 视图；(b) 分解；(c) 立体图

2）线面分析法。

分析所给各投影图上相互对应的线段和线框的意义，从而弄清组合体的各部分及整体的形状，这种方法称为线面分析法。下面以图2-51为例说明线面分析法读图的全过程。

①将正立面图中封闭的线框编号，在平面图和左侧立面图中找出与之对应的线框或线段，确定其空间形状。正立面图中有1′、2′、3′三个封闭线框，按"高平齐"的关系，1′线框对应 W 投影上的一条竖直线1″，根据平面的投影规律可知Ⅰ平面是一个正平面，其 H 面投影应为与之"长对正"的平面图中的水平线1。2′线框对应 W 投影应为斜线2″，因此Ⅱ平面应为侧垂面，根据平面的投影规律，其 H 面投影不仅与其正面投影"长对正"，而且应互为类似形，即为平面图中封闭的2线框。3′线框对应 W 投影为竖线3″，说明Ⅲ平面为正平面，其 H 面投影为横向线段3。

②将平面图和侧面图中剩余封闭线框编号，分别有4、8和5″、6″、7″，逐一找出其对应投影并确定空间形状。其中，4线框对应投影为线段4′和4″，此为矩形的水平面；8线框对应投影为线段8′和8″，其也为矩形的水平面；5″线框的对应投影为竖向线5′和5，可确定为直角三角形的侧平面；同理，6″线框及竖线6′和6也为侧平面；7″线框对应投影为竖线7′和7，可确定它也为侧平面。

③由投影图分析各组成部分的上、下、左、右、前、后关系，综合起来得出整体形状，如图2-51（b）所示。

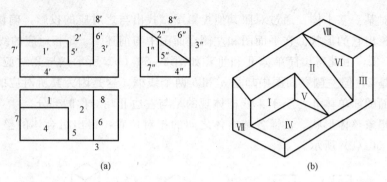

(a)　　　　　　　　　　　　　　　(b)

图 2 - 51　线面分析法读图
(a) 投影图；(b) 立体图

第二节　透　　视

一、基本概念

透视投影与轴测投影一样，都是一种单面投影，不同的是轴测投影用平行投影法绘制，而透视投影则用中心投影法绘制。

如图 2 - 52 所示，在人与园林建筑之间设立一个透明的铅垂面 K 作为投影面，人的视线穿过投影面并与投影面相交所得的图形称为投影图，也称为透视投影。SA，SB 等在透视投影中称为视线。很明显，在作透视图时逐一求出各视线 SA，SB，SC，…，K 投影面上的点 A'，B'，C'，…就是园林建筑上点 A，B，C，…的透视。将各点的透视连接起来，就成为园林建筑的透视图。

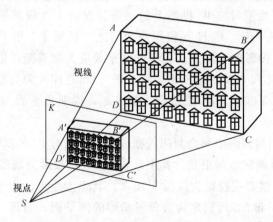

图 2 - 52　透视图的投影过程

透视图由于符合人的视觉印象，空间立体感强，形象、生动、逼真，故在科学、艺术、工程技术中被广泛地应用。特别是在园林建筑设计或总体规划设计中，设计人员绘制出所设计对象的透视图，显示出其外貌效果，以研究、分析设计对象的整体效果，进行各种方案的比较、修改、选择、确定，并供人们对建筑物进行评价和欣赏。

在图 2-53 中，空间线段 AB 的端点 A 和 B 分别与视点 S 的连线称为视线，它与画面 K 的交点即为点 A 和点 B 的透视，用 A^0、B^0 表示。B 是画面上的点，本身与其重合，用 $B \cong B^0$ 表示。连接 A^0、B^0，段段 $A^0 B^0$ 即为线段 AB 的透视。透视图中的各要素如图 2-53 所示。

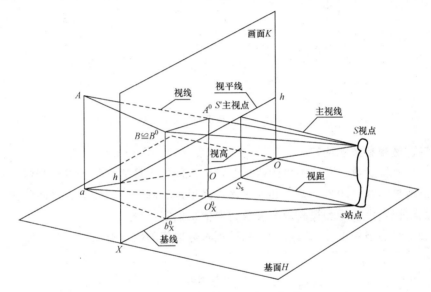

图 2-53 透视图的各要素

H—基面，承载物体的平面，一般把地面看作正投影面 H 面；K—画面，绘制透视的投影面；OX—基线，画面与基面的交线；S—视点，投影中心；s—站点，视点 S 在基面上的正投影，即观察者站立的位置；S_s—视高，视点 S 与站点 s 间的距离，一般在透视图制作时取人眼的高度，约 170cm；S'—主视点，视点 S 在画面上的正投影；SS'—主视线，通过视点且与画面垂直的视线，也称为视中线，SS' 也表示视点 S 与主视点 S' 间的距离，称视距，$SS' = SS_X$；hh—视平线，通过视点 S 所作视平面与画面的交线，视平线平行于基线 OX；SA—视线，空间点 A 与视点 S 的连线；A^0—透视点，视线与画面的交点；a^0—次透视，点 A 在基面上的正投影 a 的透视

人凝视前方景象时是有一定的范围的，所能看到的范围也就是从瞳孔这一中心点放射出去的无数视线所笼罩的空间范围，因其形成以瞳孔为顶点的圆锥，故称其为视锥。其圆锥顶角称为视锥角，也称视角，最大范围为 140°左右。视锥角在 60°以内视物清楚（图 2-54），最清晰视野的视角在 28°~37°范围之内。视锥的轴线就是视中线，它与画面交于视平线上，交点即为主视点。

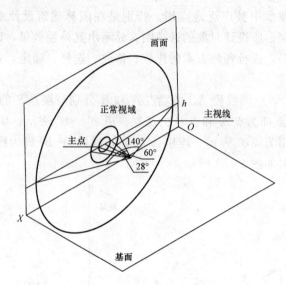

图 2-54　视锥角示意图

二、透视参数的确定

（1）透视参数。要使画出的透视图符合人们处于最适宜位置观察物体时所获得的最清晰的视觉印象，首先必须正确选择视点、画面和物体三者之间的相对位置，其中视点由视距和视高两个参数的取值来确定。

（2）影响透视参数的因素。影响透视参数取值的因素有以下3个方面。

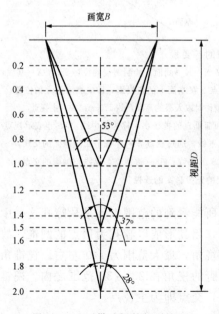

图 2-55　可供选择的相对视距

1）视点与视角、视距的关系。视点的选择要尽可能使视角保持在19°～50°之间，一般控制在60°以内；画室内透视时可以稍大于60°，但不宜超过90°，否则会失真。

如图2-55所示，由于视角的大小随画宽和视距的比值而定，所以可以用相对视距 D/B 的数值来表示视角的大小，从而确定视点的位置。图2-55表明了在绘制透视图时可供选择的相对视距的一系列数值。用这一系列相对视距的数值可以作出各种不同视觉效果的透视图，一般在绘制外景透视时 D/B 的值宜选在1.5～2.0范围内；在绘制室内透视时，由于受室内面积的限制，不适宜使 D/B 的值在1.5～2.0范围内，这时可选择 $D/B<1.5$。相对视距 D/B

>2.0可用来画规划透视图。

图2-55所示的视中线即视角的分角线。但实际作图时，常常发生视中线不是分角线的情况。此时要注意视中线和画宽的交点不要超出画宽的1/3中段。这样就能保证所作透视图变形为最小，否则会严重失真。

2）视点与画面的相互关系。着手画图时，选择好画面、物体及视点间的相互位置是绘制透视图的关键。物体与画面的相对位置确定之后，视点位置的选择应有利于物体的表达和画面的布局，应能表达形体的特点和主要部分。如图2-56所示，当$\theta > \theta_1 > \theta_2$，$\theta_2 = 0$时（绘制外景透视一般以30°～45°为宜），$S_1$、$S_2$、$S_3$物体宜选如图2-56所示的位置。视点确定后，视中线和画面的位置也就随之确定。

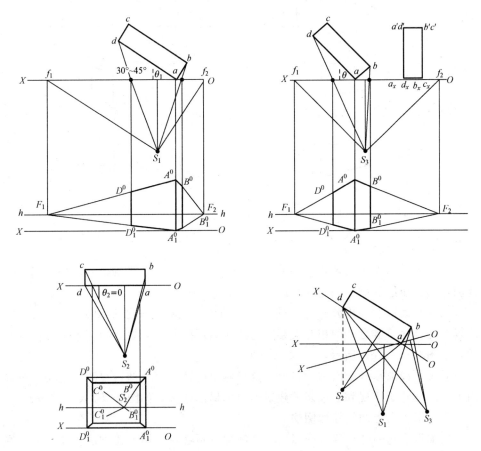

图2-56 视点对画面位置的影响

3）视平线高度的选择。视点的高低确定了视平线的高度和高低变化，它对所表现的景物的透视形象影响甚大。在一般情况下，取人的平均高度为1.5～

1.7m，但这不能作为不变的定律，须视景物的类型及表现的需求而定。

图 2-57 所示为一个长方体房屋模型在不同视高下透视图的变化情况。

①视平线取在接近房屋墙脚线的地方，即视高相当于为 1.5～1.7m，此时两边墙脚向灭点的消失较缓，而屋檐的消失则陡斜，适宜于画有屋檐的建筑，如图 2-57（a）所示。

②视平线取在接近屋高的中间，墙脚与屋檐消失的程度大致相同，这样透视图就显得呆板，一般不采用，如图 2-57（b）所示。

③视平线取在接近屋檐处，消失的情况与图 2-57（a）相反，适宜画平房，如图 2-57（c）所示。

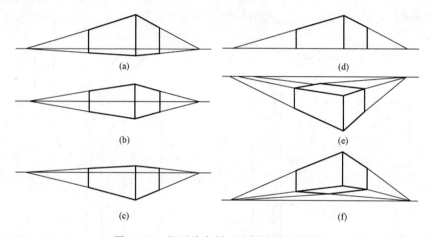

图 2-57　视平线高低对透视效果的影响

（a）$h=1.5～1.7m$；（b）$h=1/2$ 房高；（c）h 接近房高；（d）$h=0$；（e）$h>$房高；（f）$h<0$

④视平线与地平线重合，则两边墙脚线的透视与地平线重合，屋檐的透视更陡斜，适宜于绘制雄伟的纪念性园林建筑，如图 2-57（d）所示。

⑤视平线取在高出园林建筑处，画出的鸟瞰图有利于表示园林建筑和道路、广场及园林建筑群之间的相互关系，适用于画厂区、区域规划的全貌和室内透视图，如图 2-57（e）所示。

⑥视平线取在低于园林建筑处，这样画出的透视图称仰透视图，适用于画高山上的园林建筑透视和表现园林建筑檐口的局部透视，如图 2-57（f）所示。

三、透视图上的简捷作图法

在求得景物的外形透视图以后，其细部可不必一一用上述方法去作，而可在景物外形透视图上直接用简捷作图法添加其细部。现介绍几种常用的简捷作图方法。

（1）在矩形的透视图上求其等分中线（图 2-58）。

1）已知 $abcd$ 为一矩形的透视图。

2）作对角线 ac、bd，得 m 为矩形的透视中点。

3）过 m 作 ab 的平行线 gh，即为该矩形的透视中线。

4）同理可作 $abfe$、$abgh$、$hgcd$ 的透视中线。

（2）矩形透视图的垂直等分（图 2-59）。

1）已知 $abcd$ 为一矩形的透视图。

2）过 ab 两端点的任一点作水平直线，同时将实际等分点标在此线上。

3）连接两端点 $5c$，并延长交于视平线上一点 k。

4）自 k 作 1、2、3、4 各点的连线，交 BC 于 e、f、g、h 各点，过各交点作垂线，即为该矩形的透视垂直等分线。

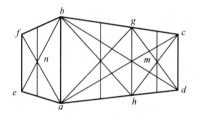

图 2-58　矩形透视的等分中线

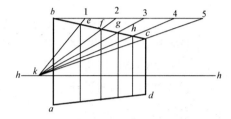

图 2-59　矩形透视图的垂直等分

（3）在透视图上利用透视中线作与已知矩形相等的矩形（图 2-60）。

1）已知矩形透视图 $abcd$，e 为 ab 的中点。

2）自 e 连灭点，为该矩形的透视中线。

3）自 b 连透视中线与 cd 的交点厂，并与 ad 的延长线交于 g，过 g 作与 cd 的平行线 gh，则 $cdgh$ 即为所求。其余依此类推。

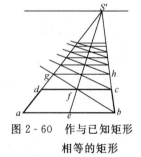

图 2-60　作与已知矩形
相等的矩形

第三章 园林设计总平面图识读

第一节 园林总平面图的表达

园林设计总平面图表达的主要内容有以下几方面。

（1）用地周边环境。标明设计地段所处的位置，在环境图中标注出设计地段的位置、所处的环境、周边的用地情况、交通道路情况、景观条件等。

（2）设计红线。标明设计用地的范围，用红色粗双点画线标出，即规划红线范围。

（3）各种造园要素。标明景区景点的设置、景区出入口的位置，园林植物、建筑和园林小品、水体水面、道路广场、山石等造园要素的种类和位置及地下设施外轮廓线，对原有地形、地貌等自然状况的改造和新的规划设计标高、高程及城市坐标。

（4）标注定位尺寸或坐标网。园林设计总平面图的定位有以下两种方式。

1）尺寸标注。以图中某一原有景物为参照物，标注新设计的主要景物和该参照物之间的相对距离。它一般适用于设计范围较小、内容相对较少的小项目设计，如图 3 - 1 所示。

2）坐标网标注。坐标网以直角坐标的形式进行定位，有建筑坐标网及测量坐标网两种形式。建筑坐标网是以某一点为"零"点（一般为原有建筑的转角或原有道路的边线等），并以水平方向为 B 轴、垂直方向为 A 轴，按一定距离绘制出方格网，是园林设计图常用的定位形式。例如，对自然式园路、园林植物种植，应以直角坐标网格作为控制依据。测量坐标网是根据测量基准点的坐标来确定方格网的坐标，并以水平方向为 Y 轴、垂直方向为 X 轴，按一定距离绘制出方格网。坐标网均用细实线绘制，常用（2m×2m）～（10m×10m）的网格绘制，如图 5 - 1 所示。

（5）标题。标题除了起到标示、说明设计项目及设计图样的名称作用外，还具有一定的装饰效果，以增强图面的观赏效果。标题通常采用美术字。标题应该注意与图样总体风格相协调。

（6）图例表。图例表说明图中一些自定义的图例对应的含义。

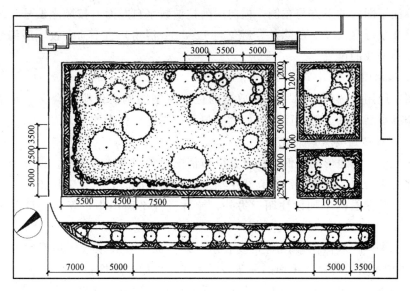

图 3-1　园林设计总平面图

第二节　园林总平面图的绘制

一、总平面图的绘制

1. 选择合适的比例，进行合理布局

根据用地范围大小和出图的要求选定适宜的绘图比例。若用地面积大、总体布置内容较多，可考虑选用较小的绘图比例；若用地面积较小而总体布置内容较复杂，为使图面清晰，应考虑采用较大的绘图比例。常用的绘图比例为 1：200、1：500、1：1000 等。

2. 确定图幅，布置画面

确定比例后，就可根据图形的大小确定图纸幅面，并进行画面布置。在进行布置时，图纸应按上北下南方向绘制，根据场地形状或布局可向左或向右偏转，但不宜超过 45°。同时，也要考虑图形、尺寸、图例、符号、文字说明等内容所占用的图纸空间，使图面布局合理，保持图面均衡。

3. 标注定位尺寸或坐标网

对整形式平面（如园林建筑设计图），要注明轴线与现状的关系。对自然式园路、园林植物种植，应以直角坐标网格作为控制依据。坐标网格以（2m×2m）～（10m×10m）为宜，其方向尽量与测量坐标网格一致，并采用细实线绘制。

采用直角坐标网格标定各种造园要素的位置时，可将坐标网格线延长，作为定位轴线，并在其一端绘制直径为 8mm 的细实线圆进行编号。定位轴线的编号一般标注于图样的下方与左侧，横向用阿拉伯数字自左而右按顺序编号，纵向用大写英文字母（I、Z、O 除外，避免与 1、2、0 混淆）自下而上按顺序编号，并注明基准轴线的位置。

4. 编制图例表

图中应用的图例都应在图上适当的位置编制图例表说明其含义，如主要建筑、园林小品、景点等，而园林植物一般只编制重点骨干树种。

5. 各种造园要素的表现

（1）地形。地形的高低变化及其分布情况通常用等高线表示。设计地形等高线用细实线绘制，原有地形等高线用细虚线绘制。同时，也可采用不同颜色的线条表示，并在图例中加以注明。另外，园林设计平面图中，等高线可以不注写高程。

（2）水体。水体一般用两条线表示，外面的一条表示水体边界线（即驳岸线），用特粗实线绘制；里面的一条表示水面，用细实线绘制。

（3）建筑和园林小品。在大比例图样中，对有门窗的建筑，可采用通过窗台以上部位的水平剖面图来表示；对没有门窗的建筑，采用通过支撑柱部位的水平剖面图来表示。用粗实线画出断面轮廓，用中实线画出其他可见轮廓（图 3-2）。此外，也可采用屋顶平面图来表示（仅适用于坡屋顶和曲面屋顶），用粗实线画出外轮廓，用细实线画出屋面；对花坛、花架等建筑小品，用细实线或中实线画出投影轮廓线。在小比例图样中（1∶1000 以上），只须用粗实线画出水平投影外轮廓线，建筑小品可不画。

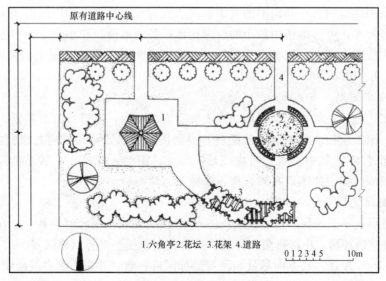

图 3-2 某游园设计平面图

（4）山石。山石均采用其水平投影轮廓线概括表示，以粗实线绘出边缘轮廓，以细实线概括绘出皴纹。

（5）道路广场。道路用细实线画出路缘，对铺装路面也可以按设计图案简略示出（图 5-1）。

（6）植物种植。园林植物由于种类繁多、姿态各异，平面图中无法详尽地表达，一般采用图例做概括地表示，所绘图例应区分出针叶树、阔叶树、常绿树、落叶树、乔木、灌木、绿篱、花卉、草坪、水生植物等，对常绿植物在图例中应用间距相等的细斜线表示。

绘制植物平面图图例时，要注意曲线过渡自然，图形应形象、概括。树冠的投影要按成龄以后的树冠大小画，参考表 3-1 所列树冠直径。

表 3-1　　　　　　　　　　树　冠　直　径　　　　　　　　（单位：m）

树种	孤植树	高大乔木	中小乔木	常绿大乔木	锥形幼树	花灌木	绿篱
冠径	10～15	5～10	3～7	4～8	2～3	1～3	宽 1～1.5

6. 标高标注

平面图上的坐标、标高均以"米"为单位，小数点后保留三位有效数字，不足的以"0"补齐。

7. 绘制指北针或风玫瑰图等符号。注写比例尺，填写标题栏、会签栏

风玫瑰图是表示该地区风向情况的示意图（图 3-3），它分为 16 个方向，根据该地区多年统计的各个方向风吹次数的平均百分数绘制。图中，粗实线表示全年风频情况，虚线表示夏季风频情况。风的方向从外吹向所在地区中心，最长线表示当地主导风向。指北针常与其合画在一起，用箭头方向表示北向。

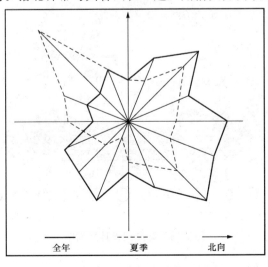

全年　　　夏季　　　北向

图 3-3　风玫瑰图

8.编写设计说明

设计说明是用文字的形式进一步表达设计思想,如工程规划的总体规划、布局的说明,景区的方位、朝向、占地范围、地形、地貌、周围环境等的说明,关于标高和定位的说明,图例补充说明等。设计说明也可以作为图样内容的补充。对于图中需要强调的部分及未尽事宜,也可用文字说明,如施工技术要求的说明,地下水位、当地土壤状况、地理、人文情况的说明等。

二、分区平面图的绘制

当园林用地范围比较大,总平面图绘制比例小(1:500~1:5000),在总平面图上清晰地表达设计元素比较困难时,通常会分区绘制大比例平面图(1:50~1:300)。园林分区平面图除了没有标题、设计说明、周边用地环境、用地红线外,其他表达内容与总平面图一样,只是标注更详细,其读图步骤、绘图要求、绘图方法和步骤,也与园林总平面图基本一致。

第三节 园林总平面图的识读方法

以图3-4某游园设计平面图为例,说明园林平面图识读的步骤。

(1)看图名、图样比例,阅读设计说明,了解工程名称、性质、设计意图和设计范围等。图3-4所示是一个东西长50m左右、南北宽35m左右的小游园,主入口位于北侧。

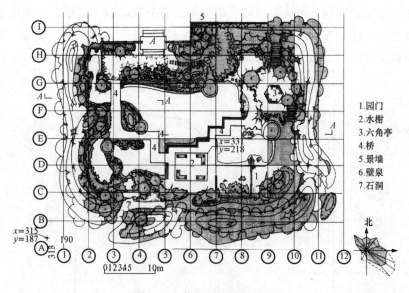

图3-4 某游园设计平面图

(2)看指北针或风玫瑰图,熟悉图例,了解新建景区的平面位置和朝向,明确总体布局情况。该游园布局以水池为中心，主要建筑为南部的水榭和东北部的六角亭，水池东侧设一座拱桥，水榭由曲桥相连，北部和水榭东侧设有景墙和园门，六角亭建于石山之上，西南角布置石山、壁泉和石洞各一处，水池东北和西南角布置汀步两处，桥头、驳岸处散点山石，入口处园路以冰纹路为主，点以步石，六角亭南、北侧设台阶和山石蹬道，南部布置小径通向园外。植物配置，外围以阔叶树群为主，内部点缀孤植树和灌木。

（3）看等高线和水位线，了解图中各景区的地形和水体布置情况，根据图中各处位置的标高及绿地四周环境的标高、规划设计内容和景观要求，检查竖向设计、地面坡度和排水方向。该园水池设在游园中部，东、南、西侧地势较高，形成外高内低的封闭空间。

（4）看坐标或尺寸，根据坐标网或尺寸标注明确施工放线的基准依据。该游园的方格网尺寸为 5m×5m，在平面西南角给出城市坐标（$X=315$，$Y=187$），是整个游园的定位坐标。

第四章　园林植物配置图识读

第一节　园林植物配置图的表达内容

园林植物配置图又称园林植物种植设计图，是用相应的平面图例在图样上表示设计植物的种类、数量、规格、种植位置，根据图样比例和植物种类的多少，在图例内用阿拉伯数字对植物进行编号，或直接用文字予以说明，具体包含以下内容。

1. 苗木表

通常在图面上适当位置用列表的方式绘制苗木统计表，具体统计并详细说明设计植物的编号、图例、种类、规格（包括树干直径、高度或冠幅）和数量等。

2. 施工说明

对植物选苗、栽植和养护过程中需要注意的问题进行说明。

3. 植物种植位置

通过不同图例区分植物种类。

4. 植物种植点的定位尺寸

种植位置可直接在图样上用具体尺寸标出株间距、行间距及端点植物与参照物之间的距离，如规则式种植设计图，如图4-1所示。或用坐标网格进行控制，如自然式种植设计图，如图4-3所示。

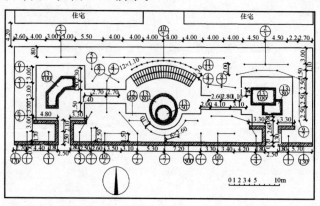

图4-1　某游园种植设计图（一）

5. 特殊要求

某些有着特殊要求的植物景观，还需给出这一景观的施工放样图和剖面图、断面图。

园林植物种植设计图是组织种植施工、编制预算、养护管理及工程施工监理和验收的重要依据，它应能准确表达出种植设计的内容和意图，并且对于施工组织、施工管理及后期养护，都起到很大的作用。

第二节　园林植物配置图的绘制

（1）选择绘图比例，确定图幅，画出坐标网格，确定定位轴线。园林植物配置图的比例不宜过小，一般不小于 1：500，否则无法表现植物种类及其特点。

（2）确定定位轴线，或绘制直角坐标网。

（3）绘制主要造园要素。以园林设计总平面图为依据，绘制出建筑、水体、道路、广场、山石等造园要素的水平投影图，并绘出地下管线或构筑物的位置，以确定植物的种植位置。绘制时，一般建筑和山石均用粗实线绘制出外轮廓线，道路广场用细实线绘制，水体驳岸用粗实线绘制，地下管线和地下构筑物用虚线绘制。

（4）先标明需保留的现有树木，再绘出种植设计内容。

1）现状植物的表示。如果基地中有需要保留的植被，应该使用测量仪器测出设计范围内保留植被种植点的坐标数据，叠加在现状地形图上，绘出准确的植物现状图，利用此图指导方案的实施。在施工图中，用乔木图例内加竖细线的方法区分原有树木与设计树木，再在说明中讲明其区别（如果国家制图规范有这点规定，就不必再加文字说明）。

2）植物种植设计图的绘制。植物种植设计图分为自然式种植设计图和规则式种植设计图两类。

①自然式种植设计图。将各种植物按平面图中的图例绘制在所设计的种植位置上，并应以圆点表示出树干位置。树冠大小按成龄以后的冠幅绘制，可以参考表 4 - 1。为了便于区别树种、计算株数，应将不同树种统一编号，标注在树冠图例内（采用阿拉伯数字），如图 4 - 3 所示。

表 4 - 1　　　　　　　　　苗木统计表（一）

编号	树种	单位	数量	规格		出圃年龄	备注
				干径/cm	高度/m		
1	垂柳	株	4	5		3	
2	白皮松	株	8	8		8	

编号	树种	单位	数量	规格		出圃年龄	备注
				干径/cm	高度/m		
3	油松	株	14	8		8	
4	五角枫	株	9	4		4	
5	黄栌	株	9	4		4	
6	悬铃木	株	4	4		4	
7	红皮云杉	株	4	8		8	
8	冷杉	株	4	10		10	
9	紫杉	株	8	6		6	
10	爬地柏	株	100		1	2	每丛 10 株
11	卫矛	株	5		1	4	
12	银杏	株	11	5		5	
13	紫丁香	株	100		1	3	每丛 10 株
14	暴马丁香	株	60		1	3	每丛 10 株
15	黄刺玫	株	56		1	3	每丛 8 株
16	连翘	株	35		1	3	每丛 7 株
17	黄杨	株	11	3		3	
18	水腊	株	7		1	3	
19	珍珠花	株	84		1	3	每丛 12 株
20	五叶地锦	株	122		3	3	
21	花卉	株	60			1	
22	结缕草	m²	200				

②规则式种植设计图。对单株或丛植的植物，宜以圆点表示种植位置；对蔓生和成片种植的植物，用细实线绘出种植范围；草坪用小圆点表示，小圆点应绘得疏密有致，凡在道路、建筑物、山石、水体等边缘处应密，然后逐渐稀疏。对同一树种，在可能的情况下尽量以粗实线连接起来，并用索引符号逐树种编号，索引符号用细实线绘制，圆圈的上半部注明植物编号，下半部注明数量。索引符号尽量排列整齐，使图面清晰，如图 4-3 所示。

（5）编制苗木统计表。在图中适当位置列表说明所设计的植物编号、植物名称（必要时注明拉丁文名称）、单位、数量、规格、出圃年龄及备注等内容。如果图上没有空间，可在设计说明书中附表说明。表 4-2 所示为苗木统计表的样式。表 4-1 所示为图 4-3 的苗木统计表，表 4-3 所示为图 4-3 的苗木统计表。

表4-2   苗 木 统 计 表（二）

编号	植物名称		单位	数量	规格		备注
	中文名称	拉丁名			胸径/cm	株高/m	
1	垂柳	*Salix abvlonica*	株	4	5		
2	银杏	*Ginkgo biloba*	株	11	5		
3	连翘	*Forsythia suspensa*	株	35		1	每丛7株
⋮							

表4-3   苗 木 统 计 表（三）

编号	树种	单位	数量	规格		出圃年龄	备注
				干径/cm	高度/m		
1	雪柳	株	1000		1	1	
2	华山松	株	3	6		6	
3	桧柏	株	13	4		4	
4	山桃	株	9	5		5	
5	元宝枫	株	1	4		4	
6	文冠果	株	4	4		4	
7	连翘	株	5		1	3	每丛5株
8	锦带花	株	3		1	2	每丛7株
9	榆叶梅	株	7		1	3	每丛7株
10	紫丁香	株	11		1	3	每丛8株
11	五叶地锦	株	13		3	2	
12	结缕草	m²	600			1	
13	花卉	株	410			1	

（6）标注株、行距及坐标网格，进行定位。通常采用尺寸标注的形式标注植物的株、行距，进行定位。自然式植物种植设计图宜用与设计平面图、地形图同样大小的坐标网确定种植位置，如图4-3所示。规则式植物种植设计图宜相对某一原有地上物用标注株、行距的方法确定种植位置，如图4-3所示。具体的标注方法见表4-4。

表4-4   株、行距及坐标网格的标注方法

方　法	内　容
行列式种植	可用尺寸标注出株、行距，始末树种植点与参照物的距离，如行道树、树阵等

方　法	内　容
自然式种植	可用坐标标注种植点的位置或采用三角形标注法进行标注。孤植树往往对植物造型、规格的要求较严格，应在施工图中表达清楚。除利用立面图、剖面图表示以外，可与苗木表相结合，用文字来加以标注
片植、丛植	施工图应绘出清晰的种植范围边界线，标明植物名称、规格、密度等。对于边缘呈规则几何形状的片状种植，可用尺寸标注方法标注，为施工放线提供依据；而对边缘线呈不规则曲线的片状种植，应绘坐标网格，并结合文字标注
草坪种植	标注应标明草种名称及种植面积等

(7) 编写设计施工说明。主要应有放线依据的说明，与市政设施、管线管理单位的配合说明，土层的处理说明，施肥的要求说明，对苗木的要求，还应有影响植物配置因素的说明，如当地的自然条件土壤、气象、水位等情况的说明，非种植季节种植施工说明等。

(8) 绘制植物种植详图。必要时按苗木统计表中的编号绘制植物种植详图，说明种植某一植物时挖坑、施肥、覆土、支撑等种植施工要求。图 4-2 所示为图 4-3 中 8 号冷杉的种植详图。

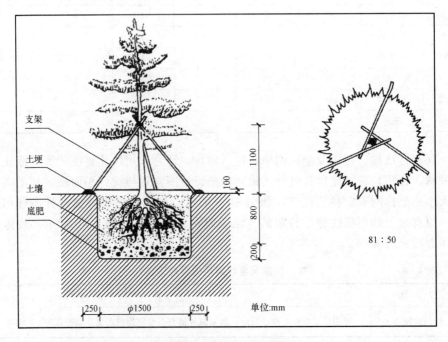

图 4-2　冷杉种植详图

（9）绘制指北针或风玫瑰图，标注比例和标题栏。

（10）检查并完成全图。有时为提高图面效果，可进行色彩渲染。

第三节　园林植物配置图的识读方法

（1）看标题栏、比例、指北针（或风玫瑰图）及设计说明。了解工程名称、性质、所处方位（及主导风向），明确工程的目的、设计范围、设计意图，了解绿化施工后应达到的效果。

（2）看植物图例、编号、苗木统计表及文字说明。根据图示各植物编号，对照苗木统计表及技术说明，了解植物的种类、名称、规格、数量等，验核或编制种植工程预算。如图4-3所示，游园周围以油松、白皮松、黄栌、银杏、五角枫等针、阔叶乔木为主，配以黄刺玫、紫丁香等灌木。西北角种植黄栌5株、五角枫2株，以观红叶。东北、西南假山处配置油松11株，与山石结合显得古拙。六角亭后配置悬铃木4株，形成高低层次。中部沿驳岸孤植垂柳4株，形成垂柳入水之势等。

（3）看图示植物种植位置及配置方式。根据图示植物种植位置及配置方式，分析种植设计方案是否合理，植物栽植位置与建筑及构筑物和市政管线之间的距离是否符合有关设计规范的规定等技术要求。

（4）看植物的种植规格和定位尺寸，明确定点放线的基准。

（5）看植物种植详图，明确具体种植要求，组织种植施工。

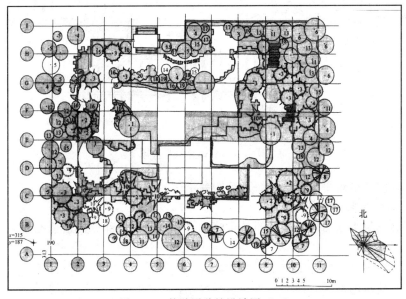

图4-3　某游园种植设计图（二）

第五章 园林建筑施工图识读

第一节 园林建筑平面图的识读

一、园林建筑平面图的形成及作用

园林建筑平面图是指经水平剖切平面沿建筑窗台以上部位（对于没有门窗的建筑，则沿支撑柱的部位）剖切后画出的水平投影图。当图纸比例较小，或为坡屋顶或曲面屋顶的建筑时，通常也可只画出其水平投影图（即屋顶平面图）。

建造园林建筑要经过两个过程：一是设计，二是施工。设计过程就是将设计者的设计意图用图形、图表及文字的形式表达出来，供施工者使用，以此作为施工的依据，如图 5-1 所示。下面就以双柱花架、蘑菇亭、爬山廊、六角亭为例，介绍园林建筑平面图的内容及要求。

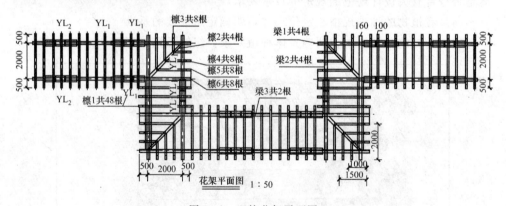

图 5-1 双柱花架平面图

二、园林建筑平面图的内容及绘图要求

1. 园林建筑平面图的内容

园林建筑平面图用来表达园林建筑在水平方向的各部分构造情况，主要内容概括如下。

(1) 图名、比例、定位轴线和指北针。

(2) 建筑的形状、内部布置和水平尺寸。

(3) 墙、柱的断面形状、结构和大小。

（4）门窗的位置、编号，门的开启方向。

（5）楼梯梯段的形状，梯段的走向和级数。

（6）表明有关设备，如卫生设备、台阶、雨篷、水管等的位置。

（7）地面、露面、楼梯平台面的标高。

（8）剖面图的剖切位置和详图索引标志。

2. 园林建筑平面图的要求

园林建筑平面图中，被剖切到的墙、柱的断面轮廓用粗实线画出。墙、柱轮廓线都不包括粉刷层厚度，粉刷层在 1∶100 的平面图中不必画出。在 1∶50 或更大比例的平面图中，用实线画出粉刷层的厚度。没有剖切到的可见轮廓线，如窗洞、台阶、花台、楼梯等，用中粗线画出。

平面图一般采用 1∶50、1∶100、1∶200 的比例来绘制。比例≤1∶100 时，剖到的砖墙一般不画材质图例或在透明描图纸的背面涂红表示，剖到的钢筋混凝土构件涂黑表示。在比例大于 1∶50 的平面图中，宜画出材质图例。

凡是承重墙、柱子等主要承重构件都应画上定位轴线，以确定其位置。定位轴线是施工定位、放线的重要依据。定位轴线用细点画线表示，并编号。轴线的端部画细实线圆圈（直径 8～10mm），编号写在圆圈内。水平方向用阿拉伯字母从左向右依次注写；竖直方向用大写拉丁字母自下而上顺序注写，其中 I、O、Z 三个字母不得用于编号。定位轴线宜标注在图形的下方和左侧。

园林建筑平面图中，最后一项任务就是尺寸标注，尺寸标注除了按照国标要求标注外，在 Auto CAD 中一定要设置最佳的尺寸标注样式及文字样式，进行建筑的数据、施工要求标注。

第二节　园林建筑立面图的识读

一、园林建筑立面图表达的内容

园林建筑的立面图是根据投影原理绘制的正投影图，相当于三面正投影图中的 V 面投影或 W 面投影。图 5-2 所示为双柱花架立面图及部件详图。在表达设计构思时，通常需要表达园林建筑的立体空间，这就需要展现其效果图。但由于施工的需要，只有通过剖面图、立面图才能更清楚地显示垂直元素细部及其与水平形状之间的关系，立面图是达到这个目的的有效工具。

建筑的四个立面可按朝向，称为东立面图、西立面图、南立面图和北立面图；也可以把园林建筑的主要出口或反映房屋外貌主要特征的立面图，称为正立面图，从而确定背立面图和侧立面图。

建筑立面图用于表达房屋的外形和装饰，主要内容概括如下。

（1）表明图名、比例、两端的定位轴线。

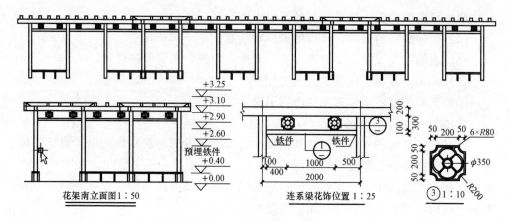

花架南立面图1:50　　　　　　　　连系梁花饰位置1:25

图 5-2　双柱花架立面图

（2）表明房屋的外形及门窗、台阶、雨篷、阳台、雨水管等位置和形状。

（3）表明标高和必须的局部尺寸。

（4）表明外墙装饰的材料和做法。

（5）标注详图索引符号。

二、园林建筑立面图的具体要求

立面图中，通常把建筑立面最外轮廓线画成粗线；室外地坪为加粗线；凸出的雨篷、阳台及门窗洞、台阶、花台等轮廓线画成中粗线；门窗扇及其分格线、装饰花式、雨水管、墙面分格线画成细实线。立面图和平面图通常采用相同的比例绘制，所以门、窗也按规定的图例制图。

立面图一般只标注主要标高，如室内外地面、门窗洞的上下口、檐口顶面、雨篷和阳台的底面等标高。标注标高时，门窗洞上、下口均不包括粉刷层，其他构件的顶面标高一般包括粉刷层（称为建筑标高），底面标高不包括粉刷层（称为结构标高）。各部分的标高宜标注在同一竖直线上。

第三节　园林建筑剖面图的识读

若选择一个平行于侧面的铅垂面将建筑物剖切开，移去一部分，另一部分剖切断面的正投影图就能反映建筑物的内部层次变化，该图称为建筑物的剖面图。其剖切位置一般应选在内部结构有代表性或空间变化比较复杂的部位，且剖面位置根据需要可以转折 1 次。在建筑剖面图中，室内外地面画加粗线；楼板层和屋顶层在 1:100 的剖面图中，可只画两条粗实线；剖到的墙身轮廓也用粗实线。在 1:50 的剖面图中，墙身另加绘细实线，表示粉刷层的厚度，并在结构层上方加画一条中粗线作为面层线，如楼地面的面层。其他可见轮廓，如门窗洞、楼梯栏杆、内外墙轮廓线、踢脚线等画成中粗线。门窗扇及其分格线等用细实线。剖面图的比例和材料图例的画法与平面图相同。

剖面图一般只标注到部分的尺寸，外墙尺寸一般标三道：第一道尺寸为门窗洞和洞间墙的高度尺寸；第二道尺寸是层高尺寸，一般标注室内外地面，底层地面到二层楼面，各层楼面到上一层楼面，顶层楼面到屋顶檐口的高度；第三道尺寸为室外地面以上的总高尺寸。此外，还应标注某些局部尺寸，如内墙上的门窗高度。剖面图还须标明室内外地面、楼面、楼梯平台面、檐口顶面等建筑标高和某些梁，如门窗过梁、圈梁、楼梯平台梁的底面的结构标高。

剖面图用于表示垂直方向建筑物的各部分组合情况，主要内容概括如下。

（1）表明图名、比例、外墙定位轴线。

（2）剖到的内、外墙，包括门窗过梁、圈梁、檐口及剖到的楼板层、屋顶、楼梯、台阶等的位置和形状。

第四节　园林建筑结构图的识读

一、基础平面图

1. 基础平面图的内容和要求

基础平面图主要表示基础的平面布局，墙、柱与轴线的关系。基础平面图的内容如下：

（1）图名、图号、比例、文字说明。为便于绘图，基础结构平面图可与相应的建筑平面图取相同的比例（图 5-3）。

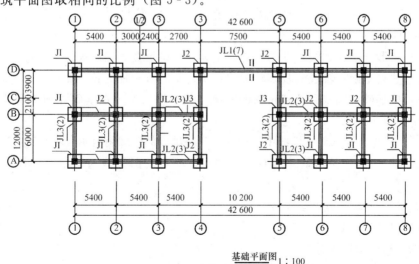

基础平面图 1:100

图 5-3　某建筑物基础平面图（一）

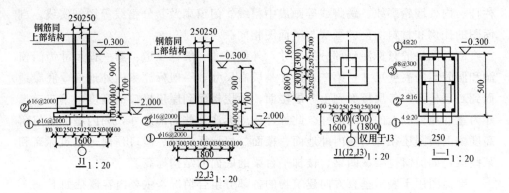

图 5-3　某建筑物基础平面图（二）

（2）基础平面布置，即基础墙、构造柱、承重柱及基础底面的形状、大小及其与轴线的相对位置关系，标注轴线尺寸、基础大小尺寸和定位尺寸。

（3）基础梁（圈梁）的位置及其代号。基础梁的编号有 JL1（7）、JL2（4）等，圈梁标注为 JQL1、JQL2 等。JL1 的含义："JL"表示基础，"1"表示编号为 1，即 1 号基础梁。"（7）"表示 1 号基础梁共有 7 跨（基础梁的配筋详图）。"JQL1"含义："JQL"表示基础圈梁，"1"表示编号为 1。

（4）基础断面图的剖切线及编号，或注写基础代号，如 JC、JC2、……。

（5）基础地面标高有变化时，应在基础平面图对应部位的附近画出剖面图来表示基底标高的变化，并标注相应基底的标高。

（6）在基础平面图上，应绘制与建筑平面相一致的定位轴，并标注相同的轴间尺寸及编号。此外，还应标注出基础的定形尺寸和定位尺寸。基础的定形、定位尺寸标注有以下要求。

1）条形基础：轴线到基础轮廓的距离、基础坑宽、墙厚等。

2）独立基础：轴线到基础轮廓的距离、基础坑和柱的长、宽尺寸等。

3）桩基础：轴线到基础轮廓的距离，其定形尺寸可在基础详图中标注或通用图中查阅。

（7）线型。在基础平面图中，被剖切到基础墙的轮廓用粗实线，基础底部宽度用细实线，地沟为暗沟时用细虚线。图中，材料的图例线与建筑平面图的线型一致。

2. 基础平面图的识读

（1）找定位轴。

（2）找基础轮廓线。

（3）对尺寸对照文字注释识读并理解。

图 5-4 所示是一个弧形长廊的基础平面布局图和基础平面图。弧形长廊的

内侧是钢筋混凝土柱，外侧是砖砌墙体，所以内外基础平面图形状有所不同，但是绘制方法及其要求都相同。右图是钢筋混凝土独立柱基础的平面图，可以看出柱与下部基础的尺度和位置关系及基础底部钢筋网的布局形式。

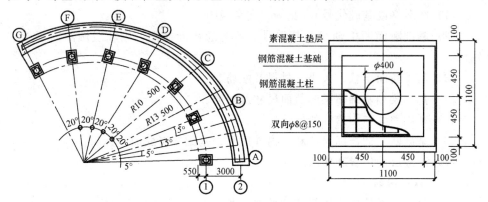

图 5-4 弧形长廊基础平面图

二、基础详图

1. 基础详图的图示内容

基础详图一般用平面图和剖面图表示，采用 1∶20 的比例绘制，主要表示基础与轴线的关系、基础底标高、材料及构造做法。

因基础的外部形状较简单，一般将两个或两个以上的编号的基础平面图绘制成一个平面图。但是，要把不同的内容表示清楚，以便于区分。图 5-5 所示为几种常用的基础断面图。

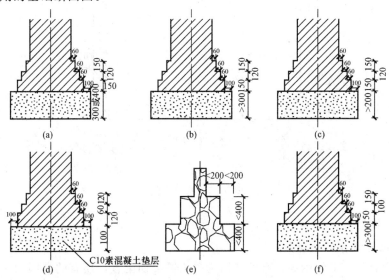

图 5-5 几种常用基础的断面图

独立柱基础的剖切位置一般选择在基础的对称线上，投影方向一般选择从前向后投影。

基础详图图示的内容如下。

(1) 图名（或基础代号）、比例、文字说明。

(2) 基础断面图中轴线及其编号（若为通用断面图，则轴线圆圈内不予编号）。

(3) 基础断面形状、大小、材料及配筋。

(4) 基础梁和基础圈梁的截面尺寸及配筋。

(5) 基础圈梁与构造柱的连接作法。

(6) 基础断面的详细尺寸和室内外地面、基础垫层底面的标高。

(7) 防潮层的位置和作法。

2. 基础详图的识读

基础剖切断面轮廓线用粗实线绘制，填充材料图例参见常用建筑材料图例。在基础详图中，还应标注出基础各部分（如基础墙、柱、基础垫层等）的详细尺寸、钢筋尺寸及室内外地面标高和基础垫层底面（基础埋置深度）的标高，具体尺寸注法如图 5-6 所示。

图 5-6 左侧是钢筋混凝土柱下独立基础的断面图，右侧是砖砌条形基础的断面图，两者埋深相同，都是 1.3m，垫层采用的 100mm 厚 C10 素混凝土。由于结构不同，两种基础的尺度及所填充的材料图例也各不相同。

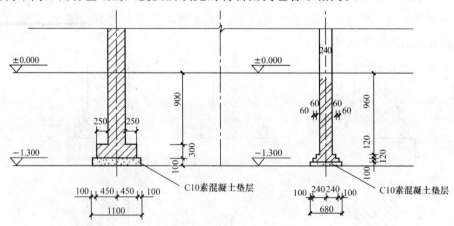

图 5-6 基础详图

三、钢筋

1. 钢筋的作用和分类

钢筋混凝土中的钢筋，有的是因为受力需要而配置，还有的是因为构造需要而配置。这些钢筋的位置、形状及作用各不相同，一般分为以下几种。

（1）受力钢筋（主筋）。在构件中承受拉应力和压应力为主的钢筋称为受力钢筋，用于梁、板、柱等各种钢筋混凝土构件中。受力钢筋按形状一般可分为直筋和弯起筋，按弯矩分正弯矩钢筋和负弯矩钢筋两种。

（2）箍筋。承受斜拉应力（剪应力），并固定受力筋、架立筋的位置而设置的钢筋称为箍筋，一般用于梁和柱中。

（3）架立钢筋，又称架立筋，用于固定梁内钢筋的位置，把纵向受力钢筋和箍筋绑扎成骨架。

（4）分布钢筋，又称分布筋，用于各种板内。

（5）其他钢筋。因构造要求或者施工安装需要而配置的钢筋，一般称为构造钢筋，如腰筋、拉钩、拉接筋等。腰筋用于高度大于 450mm 的梁；拉钩在梁、剪力墙中可加强结构的整体性；拉接筋用于钢筋混凝土柱与墙体的构造连接，起拉接作用，所以称为拉接筋。各种钢筋的形式及在梁、板、柱中的位置和形状，如图 5-7 所示。

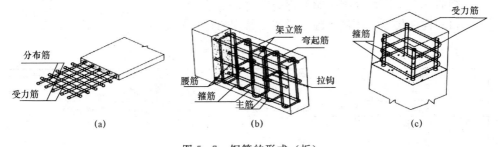

图 5-7 钢筋的形式（板）

（a）板；（b）梁；（c）柱

为了使钢筋在构件中不被锈蚀，增强钢筋与混凝土的粘结力，在各种构件的受力筋外面必须有一定厚度的混凝土，这层混凝土称为保护层。一般情况下，梁和柱的保护层厚为 25mm；板的保护层厚为 10~15mm；剪力墙的保护层厚为 15mm。

2. 常用钢筋的代号

目前我国混凝土中常用的钢筋、钢丝主要有热轧钢筋、冷拉钢筋、热处理钢筋和钢丝四大类，依其承受强度大小不同，又可分为 HPB300、HRB335、HRB440、RRB400 四级。不同种类和级别的钢筋、钢丝在结构中的代号不同（表 5-1）。

表 5-1 钢 筋 的 种 类 和 代 号

钢筋的种类	钢筋代号	钢筋的种类	钢筋代号
Ⅰ级钢筋（HPB300级钢筋，3号光面圆筋）	φ	Ⅲ级钢筋（HRB440，25锰硅钢筋）	Φ
Ⅱ级钢筋（HRB335级钢筋，16锰钢钢筋）	Φ	Ⅳ级钢筋（RRB400级光圆钢筋或螺纹钢筋）	Φ

四、钢筋混凝土构件

1. 钢筋混凝土构件详图内容

混凝土由水泥、石子、砂子和水按一定的比例拌合而成，经振捣密实，凝固后坚硬如石，抗压能力好，但抗拉能力差，容易因受拉而断裂，导致破坏，因此常在混凝土构件的受拉区配置一定数量的钢筋，使混凝土和钢筋牢固结合成一个整体，共同发挥作用。这种配有钢筋的混凝土，称为钢筋混凝土（图5-8）。

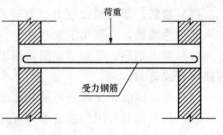

图5-8 钢筋混凝土梁

钢筋混凝土构件详图是加工制作钢筋、浇筑混凝土的依据，其内容包括模板图、配筋图、钢筋表、文字说明四部分。

钢筋混凝土构件详图绘制的内容如下。

（1）构件代号、比例、施工说明。常用构件代号见表5-2。

表5-2　　　　　　　　常用构件代号

序号	名称	代号	序号	名称	代号	序号	名称	代号
1	板	B	19	圈梁	QL	37	承台	CT
2	屋面板	WB	20	过梁	GL	38	设备基础	SJ
3	空心板	KB	21	连系梁	LL	39	桩	ZH
4	槽形板	CB	22	基础梁	JT	40	挡土墙	DQ
5	折板	ZB	23	楼梯	LT	41	地沟	DG
6	密肋板	MB	24	框架梁	KZL	42	柱间支撑	ZC
7	楼梯板	TB	25	框支梁	KZL	43	垂直支撑	CC
8	盖板或沟盖板	GB	26	屋面框架梁	WKL	44	水平支撑	SC
9	挡雨板或檐口板	DB	27	檩条	LT	45	梯	T
10	吊车安全走道板	DB	28	屋架	WJ	46	雨篷	YP
11	墙板	QB	29	托架	TJ	47	阳台	YT
12	天沟板	TGB	30	天窗架	CJ	48	梁垫	LD
13	梁	L	31	框架	KJ	49	预埋件	M
14	屋面梁	WL	32	刚架	GJ	50	天窗端壁	TD
15	吊车梁	DL	33	支架	ZJ	51	钢筋网	W
16	单轨吊车梁	DDL	34	柱	Z	52	钢筋骨架	G
17	轨道连接	DGL	35	框架柱	KZ	53	基础	J
18	车挡	CD	36	构造柱	GZ	54	暗柱	AZ

（2）构件定位轴及其编号，构件的形状、大小和预埋件代号及布置（模板图）。

（3）梁、柱的结构详图通常由立面图和断面图组成，板的结构详图一般只画它的断面图或剖面图，也可以把板的配筋直接画在结构平面图中。

（4）构件外形尺寸、钢筋尺寸和构造尺寸及构件底面的结构标高。

（5）各结构构件之间的连接详图。

2. 梁的模板图

梁的模板图是为浇筑梁的混凝土绘制的，主要表示梁的长、宽、高和预埋件的位置、数量。然而，对外形简单的构件，一般不必单独绘制模板图，只需在配筋图中把梁的尺寸标注清楚即可。当梁的外形复杂或预埋件比较多（如单层工业厂房中的吊车梁）时，一般要单独画出模板图（图5-9）。

模板图的绘图要求：模板图外轮廓线一般用细实线绘制。梁的正立面图和侧立面图可用两种比例绘制。图5-9中，梁的长度按1∶40绘制，梁的高度和宽度按1∶20绘制，这样的图看上去比较协调。

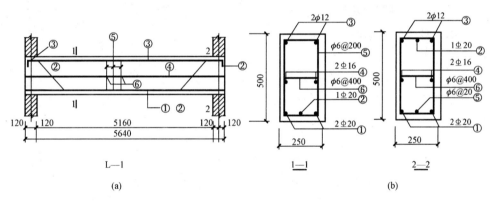

图 5-9　梁的详图

（a）模板图；（b）梁的钢筋图

3. 梁的配筋图

配筋图主要用来表示梁内部钢筋的配置情况，配筋图通常由立面图和断面图组成。立面图中构件的轮廓线用细实线画出；钢筋简化为单线，用粗实线表示，并对不同形状、不同规格的钢筋进行编号，编号用阿拉伯数字顺次编写，并将数字写在圆圈内。圆圈用直径为6mm的细实线绘制，并用引出线指到被编号的钢筋。断面图中剖到的钢筋圆截面画成黑圆点，其余未剖到的钢筋仍画成粗实线，并规定不画材料图例。配筋图的内容包括钢筋的形状、规格、级别和数量、长度等。图5-9中有6种钢筋，第一种为①号钢筋，在梁的底部，是主筋。标注符号的含义为

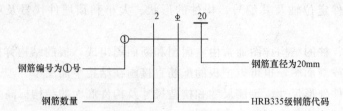

第二种为②号钢筋，称为弯钢筋；

第三种为③号钢筋，在梁的上部为架立筋；

第四种为④号钢筋，称为腰筋；

第五种为⑤号钢筋，称为箍筋，其标注符号为

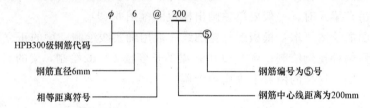

第六种为⑥号钢筋，称为拉钩。

第六章　园林工程图识读

第一节　竖向设计图识读

一、竖向设计图表达的内容

竖向设计指的是在场地中进行垂直于水平方向的布置和处理，也就是地形高程设计。对于园林工程项目进行地形设计，应包括：地形塑造，山水布局，园路、广场等铺装的标高和坡度及地表排水组织。竖向设计不仅影响到最终的景观效果，还影响到地表排水的组织、施工的难易程度、工程造价等多个方面。此外，竖向设计图还是给排水专业施工图绘制的条件图。

竖向设计图包括以下内容。

（1）除园林植物及道路铺装细节以外的所有园林建筑、山石、水体及其小品等造园素材的形状和位置。

（2）现状与原地形标高、地形等高线、设计等高线的等高距一般取 $0.25 \sim 0.5m$。当地形较复杂时，需要绘制地形等高线放样网格。设计地形等高线用实线绘制，现状地形等高线用虚线绘制。

（3）最高点或者某特殊点的位置和标高，如道路的起点和变坡点、转折点和终点等的设计标高（道路在路面中，阴沟在沟顶和沟底），纵坡度，纵坡向，平曲线要素，竖曲线半径，关键点坐标，建筑物、构筑物室内外设计标高，挡土墙、外墙、护坡或土坡等构筑物的坡顶和坡脚的设计标高，主要山石的最高点设计标高，水体驳岸岸顶、岸底标高，池底标高，水面最低、最高及常水位。

（4）地形的汇水线和分水线，或用坡向箭头标明设计地面坡向，指明地表排水方向、排水的坡度等。

（5）指北针、图例、比例、文字说明、图名。文字说明中应包括标注单位、绘图比例、高程系统的名称、补充图例等。

（6）绘制重点地区、坡度变化复杂地段的地形断面图，并标注标高、比例尺等。

二、竖向设计图绘制要求

（1）计量单位。通常标高的单位为米，如果要求采用其他单位，应在设计说明中注明。

（2）线型。竖向设计图中比较重要的是地形等高线。设计等高线用细实线绘制，原有等高线用细虚线绘制。

（3）坐标网格及其标注。设计地形等高线较复杂，应采用坐标网格对其进行标注。坐标网格宜与施工放线图相同。对于局部不规则的等高线，或者单独做出施工放线图，或者在竖向设计图中局部加密网格，提高放线精度。

（4）地表排水方向和排水坡度。利用箭头表示排水方向，并在箭头上标注排水坡度。对于道路或铺装等区域，除了要标注排水方向和排水坡度之外，还要标注坡长，一般排水坡度应标注在坡度线的上方，坡长标注在坡度线的下方，如 $\dfrac{i=2\%}{L=35.15}$ 表示坡长 35.15m，坡度为 2%。

（5）标高注法。

①总图中，各建筑物均应以含有 ±0.000 标高的平面表示，并应表示出建筑散水位置。

②竖向设计图中标高宜为绝对标高，如标注相对标高，应在说明中注明相对标高与绝对标高的关系。

③建筑物、构筑物、铁路、道路等应按以下规定标注标高：建筑物室内地坪，标注图中 ±0.000 处绝对标高，对不同高度的地坪，分别标注其标高；建筑物室外散水，标注建筑物四周转角或两对角的散水坡脚处的标高；道路，标注路面中心交点及变坡点的标高；构筑物，标注其有代表性的标高，并用文字注明标高所指位置；铁路，标注轨顶标高；道路，标注变坡点及路面中心点的标高；挡土墙，标注墙顶和墙趾标高；路堤、边坡，标注坡顶和坡脚标高；排水沟，标注沟顶和沟底标高；场地平整，标注其控制位置标高；铺砌场地，标注其铺砌面的标高。

④标高符号应按《房屋建筑统一制图标准》（GB/T 50001—2010）中标高一节的有关规定标注。

三、竖向设计图的识读

（1）看图名、比例、设计说明等，了解图纸的基本情况。

（2）结合地形的原现状图和地形设计图进行比较，了解地形设计的情况。

（3）看标高，了解竖向设计地形的填挖方情况。

（4）结合设计说明，了解地形设计的施工要求和具体做法及施工措施等。

第二节　园路工程图识读

一、园路路线平面图

园路路线平面图的任务是表达园路路线的线型（直线或曲线）状况和方向，以及沿线两侧一定范围内的地形和地物等。地形和地物一般用等高线和图例来表示，图例画法应符合《总图制图标准》的规定。园路路线平面图一般所用的比例较小，通常采用1∶500与1∶2000之间的比例。所以，在路线平面图中依道路中心画一条粗实线来表示路线。如比例较大，也可按路面宽画双线表示路线。新建道路用中粗线，原有道路用细实线。

园路路线平面由直线段和曲线段（平曲线）组成。如图6-1所示，是道路平面图图例画法，其中 $R9$ 表示转弯半径9m，150.00为路面中心标高，纵向坡度6%，变坡点间距101.00，JD2是交角点编号。如图6-2所示是用单线画出的园路路线平面图。为清楚地看出路线总长和各段长，一般由起点到终点沿前进方向左侧注写里程桩。沿前进方向右侧注写百米桩。路线转弯处要注写转折符号，即交角点编号。例如，JD17表示第17号交角点。沿线每隔一定距离设水准点，如 BM.3 表示3号水准点，73.837是3号水准点的高程。

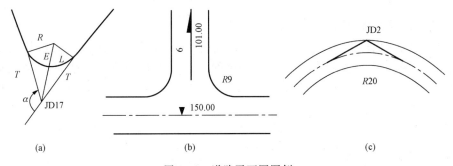

图6-1 道路平面图图例

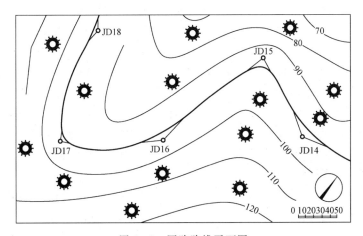

图6-2 园路路线平面图

如果园路路线狭长，需要画在几张图纸上时，应分段绘制。如图6-3所示，路线分段应在整数里程桩处断开。断开的两端应画出垂直于路线的接图线（点画线）。接图时，应以两图的路线"中心线"为准，并将接图线重合在一起，指北针同向。每张图纸右上角应绘出角标，注明图纸序号和图纸总张数，在最后一张图的右下角绘出图标和比例尺。

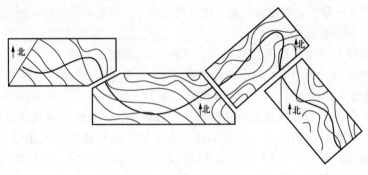

图 6-3　路线图的拼接

二、路线纵断面图

路线纵断面图用于表示路线中心地面的起伏状况。纵断面图是用铅垂剖切面沿着道路的中心进行剖切，然后将剖切面展开成一立面，纵断面的横向长度就是路线的长度。园路立面由直线和竖曲线（凸形竖曲线和凹形竖曲线）组成。

由于路线的横向长度和纵向长度之比相差很大，故路线纵断面图通常采用两种比例，如长度采用 1∶2000，高度采用 1∶200，相差 10 倍。

路线纵断面图用粗实线表示顺路线方向的设计坡度线，简称设计线。地面线用细实线绘制，具体画法是将水准测量测得的各桩高程按图样比例点绘在相应的里程桩上，然后用细实线顺序连接各点，故纵断面图上的地面线为不规则曲折状。

设计线的坡度变更处，两相邻纵坡度之差超过规定数值时，变坡处需要设置一段圆弧竖曲线，顺序把各点连接两相邻纵坡。应在设计线上方表示凸形竖线和凹形竖线，标出相邻纵坡交点的里程桩和标高、竖曲线半径、切线长、外距、竖曲线的始点和终点。如变坡点不设置竖曲线时，则应在变坡点注明"不设"。路线上的桥涵构筑物和水准点都应按所在里程注在设计线上，标出名称、种类、大小、桩号等，如图 6-4 所示。

在图样的正下方还应绘制资料表，主要内容包括：每段设计线的坡度和坡长，用对角线表示坡度方向，对角线上方标坡度，下方标坡长，水平段用水平线表示；每个桩号的设计标高和地面标高；平曲线（平面示意图），直线段用水平线表示，曲线用上凸和下凹图线表示，标注交角点编号、转折角和曲线半径。资料表应与路线纵断面图的各段一一对应。路线纵断面图用透明方格纸画，一般总有若干张图样。

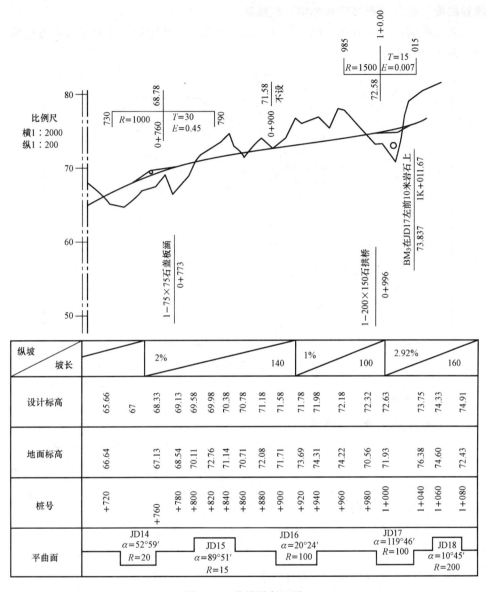

图 6-4 路线纵断面图

三、路基横断面图

路基横断面图是用垂直于设计路线的剖切面对设计路线进行剖切所得的图形，常作为计算土石方和路基施工的依据。

沿道路路线一般每隔 20m 画一路基横断面图，沿着桩号从下到上、从左到右布置图形。横断面的地面线一律粗实线，每一图形下标注桩号、断面面积 F、地面中心到路基中心的高差 H，如图 6-5 所示。断面图一般有三种形式：填方段程路堤，挖方段程路堑和半填半挖路基。

路基横断面图一般用 1∶50、1∶100、1∶200 三种比例，应画在透明方格纸上，便于计算土方量。

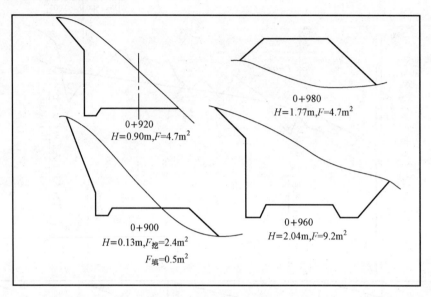

图 6-5　路基横断面图

四、铺装详图

铺装详图用于表达园路面层的结构和铺装图案。图 6-6 所示是一段园路的铺装详图。图中用平面图表示路面装饰性图案，常见的园路面有花街路面（用砖、石板、卵石组成各种图案）、卵石路面、混凝土板路面、嵌草路面、雕刻路面等。雕刻和拼花图案应画平面大样图。路面结构用断面图表达。路面结构一般包括面层、结合层、基层、路基等，如图 6-6 中的 1-1 断面图。当路面纵坡坡度超过 120 时，在不通车的游步道上应设台阶，台阶高度一般为 120～170mm，踏步宽 300～380mm，每 8～10 级设一平台阶段。图 6-7 所示为砖铺装详图。

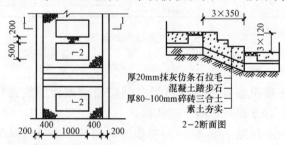

图 6-6　铺装详图（一）

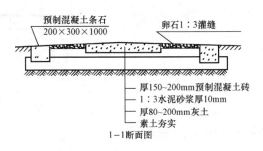

图 6-6 铺装详图（二）

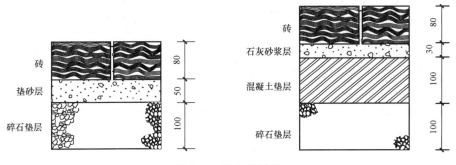

图 6-7 砖铺装详图

第三节 水景工程图识读

一、水景工程图的图示方法

1. 视图的配置

水景工程图的基本图样仍然是平面图、立面图和剖面图。水景工程构筑物，如基础、驳岸、水闸、水池等许多部分被土层覆盖，所以剖面图和断面图应用较多。图 6-8 所示的水闸结构图采用平面图、侧立面图和 A—A 剖面图来表达。因平面图形对称，只画了一半。侧立面图为上游立面图和下游立面图合并而成。人站在上游面向建筑物所得的视图，称为上游立面图；人站在下游面向建筑物所得的视图，称为下游立面图。为看图方便，每个视图都应在图形下方标出名称。各视图应尽量按投影关系配置。布置图形时，习惯使水流方向由左向右或自上而下。

2. 识读方法

（1）局部放大图。

物体的局部结构用较大比例画出的图样称为局部放大图或详图。放大的详图必须标注索引标志和详图标志。图 6-9 所示是护坡剖面及结构的局部放大图，原图上可用细实线圈表示需要放大的部位，也可采用注写名称的方法。

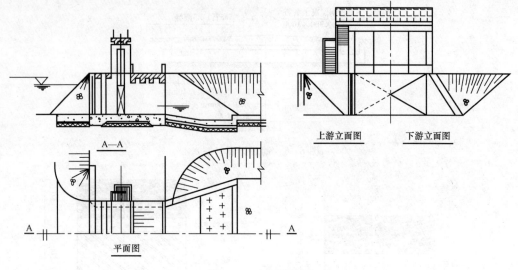

图 6-8　水闸结构图

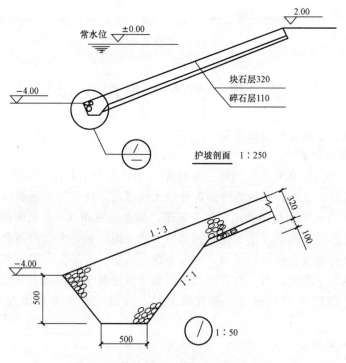

图 6-9　护坡剖面及结构的局部放大图

（2）展开剖面图。

当构筑物的轴线是曲线或折线时，可沿轴线剖开物体并向剖切面投影，然后将所得剖面图展开在一个平面上，这种剖面图称为展开剖面图，在图名后应标注"展开"二字。在图6-10中，选沿干渠中心线的圆柱面为剖切面，剖切面后的部分按法线方向向剖切面投影后再展开。

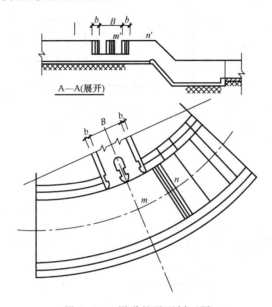

图 6-10　渠道的展开剖面图

（3）分层表示法。

当构筑物有几层结构时，在同一视图内可按其结构层次分层绘制。相邻层次用波浪线分界，并用文字在图形下方标注各层名称。如图 6-11 所示，码头的平面图采用分层表示法。

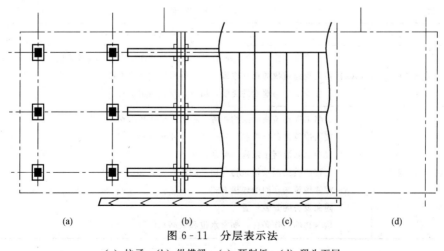

图 6-11　分层表示法

（a）柱子；（b）纵横梁；（c）预制板；（d）码头面层

（4）掀土表示法。

被土层覆盖的结构，在平面图中不可见。为表示这部分结构，可假想将土层掀开后，再画出视图。图 6-12 所示是墩台的掀土表示。

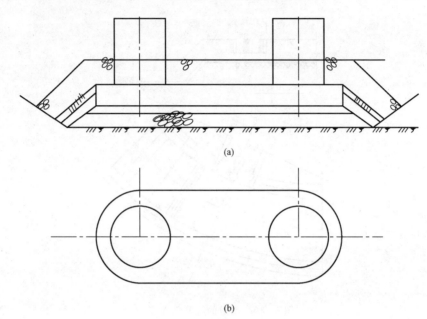

(a)

(b)

图 6-12　墩台的掀土表示

（a）A—A；（b）平面图

二、水景工程图的内容

水景工程图的内容见表 6-1。

表 6-1　　　　　　　　水 景 工 程 图 的 内 容

项　　目	内　　　　容
总体布置图	（1）工程设施所在地区的地形现状、河流及流向、水面、地理方位（指北针）等 （2）各工程构筑物的相互位置、主要外形尺寸、主要高程 （3）工程构筑物与地面的交线，填方、挖方的边坡线
构筑物结构图	（1）表明工程构筑物的结构布置、形状、尺寸和材料 （2）表明构筑物各分部和细部构造、尺寸和材料 （3）表明钢筋混凝土结构的配筋情况 （4）工程地质情况及构筑物与地基的连接方式 （5）相邻构筑物之间的连接方式 （6）附属设备的安装位置 （7）构筑物的工作条件，如常水位和最高水位等

第四节　园林给水排水施工图识读

一、园林给水排水图

1. 园林给水排水图的组成

园林给水排水图是表达园林给水排水及其设施的结构形状、大小、位置、材料及有关技术要求的图样，以供交流设计和施工人员按图施工。园林给排水图一般由给排水管道平面布置图、管道纵断面图、管网节点详图及说明等构成。

2. 园林给排水图的特点

（1）常用的给排水图例。

园林给排水管道断面与长度之比及各种设备等构配件尺寸偏小。当采用较小比例（如1∶100）绘制时，很难把管道及各种设备表达清楚，故一般用图形符号和图例来表示。一般管道都用单线来表示，线宽宜用 0.7mm 或 1.0mm。

（2）标高标注。

平面图、系统图中，管道标高应按图 6-13（a）所示的方式标注；沟渠标高应按图 6-13（b）所示的方式标注；剖面图中，管道及水位的标高应按图 6-13（c）所示的方式标注。

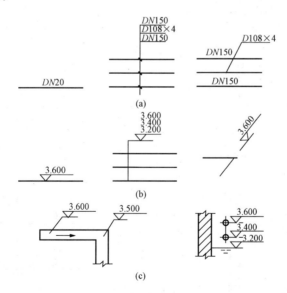

图 6-13　标高标注示例

（a）管道标高标注法；（b）沟渠标高标注法；（c）剖面及水位标高标注法

（3）管径。

管径的单位一般用"mm"表示。水输送钢管（镀锌或水镀锌）、铸铁管等材料，以公称直径 DN 表示（如 $DN50$）；焊接钢管、无缝钢管等，以外径 $D\times$ 壁厚表示（如 $D108\times4$）；钢筋混凝土管、混凝土管、陶土管等，以内径 d 表示（如 $d230$）。

管径的表示方法应符合图 6-14 中的规定。

图 6-14　管径的标注

（4）管线综合表示。

园林中管线种类较少、密度也小，为了合理安排各种管线，综合解决各种管线在平面和竖向上的相互关系，一般用管线综合平面图来表示。遇到管线交叉处，可用垂距简表表示，如图 6-15 所示。

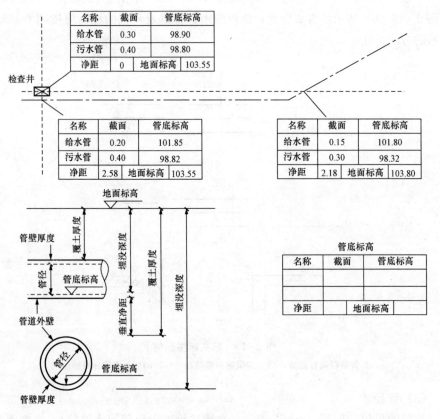

图 6-15　管线综合表示法

3. 给排水平面布置图

(1) 表达的内容与要点。

1) 建筑物、构筑物及各种附属设施。厂区或小区内的各种建筑物、构筑物、道路、广场、绿地、围墙等，均按建筑总平面的图例根据其相对位置关系用细实线绘出其外形轮廓线。多层或高层建筑在左上角用小黑点数表示其层数，用文字注明各部分的名称。

2) 管线及附属设备。厂区或小区内各种类型的管线是本图表达的重点内容，以不同类型的线型表达相应的管线，并标注相关尺寸，以满足水平定位要求。水表井、检查井、消火栓、化粪池等附属设备的布置情况，以专用图例绘出，并标注其位置。

(2) 绘图的基本要求。

建筑物、构筑物、道路、广场、绿地、围墙等，应与总图一致。给水、排水、雨水、热水、消防、中水、工艺管道等，应绘制在同一张图上。如管线种类繁多且地形复杂，使得在同一图上表达困难时，可按不同管道种类分别绘制。各类管线及附属设备用专用图例绘制，并按规定的编号方法进行编号，注明同厂（小区）外进水、出水、排水、雨水等相关管道的连接点位置、连接方式、分界井号、管径、标高、定位尺寸与水流方向。绘制厂（小区）各构筑物、建筑物的进水管、出水管、供水管、排泥管、加药管，并标注管径和进行定位。在图上标明各类管道的管径和定位尺寸。图上应绘制风玫瑰图，无污染时可用指北针代替。构筑物、建筑物及管线定位采用下列两种方法。

1) 坐标法。对构筑物、建筑物，标注其中心坐标（圆形类）或两对角坐标（方形类）；对于管线类，标注其管道转弯点（井）的中心坐标。

2) 控制尺寸线法。以永久建筑物和构筑物的外墙（壁）线、轴线、道路中心线为控制基线，标注管道的水平位置。

4. 给排水管道的纵断面图

(1) 要表达的内容与要点。

1) 原始地形、地貌与原有管道、其他设施等。给水及排水管道纵断面图中，应标注原始地平线、设计地面线、道路、铁路、排水沟、河谷及与本管道相关的各种地下管道、地沟、电缆沟等的相对距离和各自的标高。

2) 设计地面、管线及相关的建筑物、构筑物。绘出管线纵断面及与之相关的设计地面、附属构筑物、建筑物，并进行编号。标明管道结构（管材、接口形式、基础形式）、管线长度、坡度与坡向、地面标高、管线标高（重力流标注管内底、压力流标注管道中心线）、管道埋深、井号及交叉管线的性质、大小与位置。

3) 标高标尺。一般在图的左前方绘制一标高标尺，表达地面与管线等的标高及其变化。

（2）绘图的基本要求。

1）压力流管道用单粗实线表示，重力流管道用双中粗实线表示。在对应的平面图中，均采用单中粗实线表示。当管道直径大于 400mm 时，纵断面图可用双中粗实线表示。

2）设计地面线、阀门井、检查井、相交的管线、道路、河流、竖向定位线等均采用细实线绘制，自然地面线用细虚线绘制。

二、园林给排水图的识读

1. 给排水管道平面图

图 6-16 所示，为某居住小区室外给排水管网平面布置情况。建筑总平面图是小区室外给排水管网平面布置的设计依据，由于作用不同，建筑总平面图的重点在于建筑群的总体布置（如道路交通、环境绿化等），小区室外给排水管网平面布置图则以管网布置为重点。室外给排水管道平面图识读的主要内容和注意事项如下。

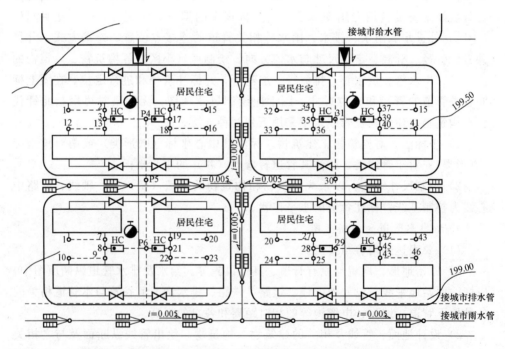

图 6-16 某居住小区室外给排水管网平面布置图

（1）查明管路平面布置与走向。通常，给水管道用中粗实线表示，排水管道用中粗虚线表示，检查井用直径 2～3mm 的小圆表示。给水管道的走向是从大管径到小管径，与室内引水管相连；排水管道的走向则是从小管径到大管径，与检查井相连，管径是直通城市排水管道。

（2）要查看与室外给水管道相连的消火栓、水表井、阀门井的具体位置，了解给排水管道的埋深及管径。

（3）室外排水管的起端、两管相交点和转折点均设置了检查井。排水管是重力自流管，故在小区内只能汇集于一点而向排水干管排出，并用箭头表示流水方向。从图中还可以看到，雨水管与污水管分别由两根管道排放，这种排水方式通常称为分流制。

2. 纵断面图

由图 6-17 可见，上部为埋地敷设的排水管道纵断面，其左部为标高尺寸，下部为有关排水管道的设计数据表格。读图时，可直接查出有关排水管道每一节点处的设计地面标高、管底标高、管道埋深、管径、坡度、距离、检查井编号等。例如，编号 P4 检查井处的设计地面标高为 4.10m，管底标高 2.75m，管道埋深为 1.35m。

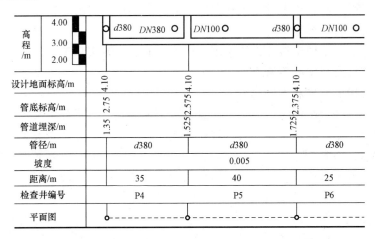

图 6-17 排水管道纵断面图

第七章　园林工程施工图实例解析

一、学习本实例的目的

本实例选用了一段园林广场的施工图，涉及施工过程中普遍使用的施工工艺，具有一定的代表性。通过本实例的学习，读者可以在理解构造原理的基础上，应用已有知识自行设计并具有一定的指导施工的能力。通过学习本章，可在理解内容的过程中培养读者三种基本能力。

（1）具有一定的识读施工图的能力。

（2）了解绘制施工图的步骤和程序的能力，包括根据已有施工图放大样、补充设计、变更材料或做法等。

（3）具有一定的审核装饰施工图的能力，能够参照实际工程，发现施工图中的错误、疏漏及与实际不符之处。

二、读图的程序和方法

当要阅读一套图样时，如果不注意方法，不分先后、不分主次，就无法快速准确获取施工图样的信息和内容。根据实践经验，读图的方法一般是，从整体到局部，再由局部到整体；互相对照，逐一核实。读图一般按照以下程序进行。

（1）先看图样目录，了解本套图样的设计单位、建设单位及图样类别和图样数量。

（2）按照图样目录检查各类图样是否齐全，图样编号与图名是否符合，是否使用标准图及标准图的类别等。

（3）通过设计说明，了解工程概况和工程特点，并掌握和了解有关的技术要求。

（4）阅读施工图。一般应先看懂施工图，大中型工程还有必要对照结构施工图、设备施工图的有关内容进行研读。

在按照上述顺序通读的基础上，反复互相对照，以保证理解无误。

三、施工图实例

1. 某园林广场施工图

2. 某街头绿地工程

（1）施工总平面图。

识读内容：绿地尺寸、树种类型、位置及树种数量。

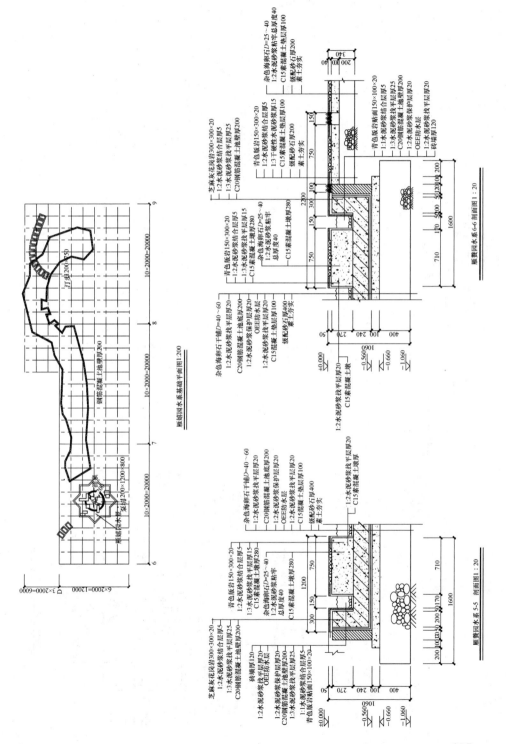

睡莲园水系基础平面图1:200

睡莲园水系6-6剖面图1:20

睡莲园水系5-5 剖面图1:20

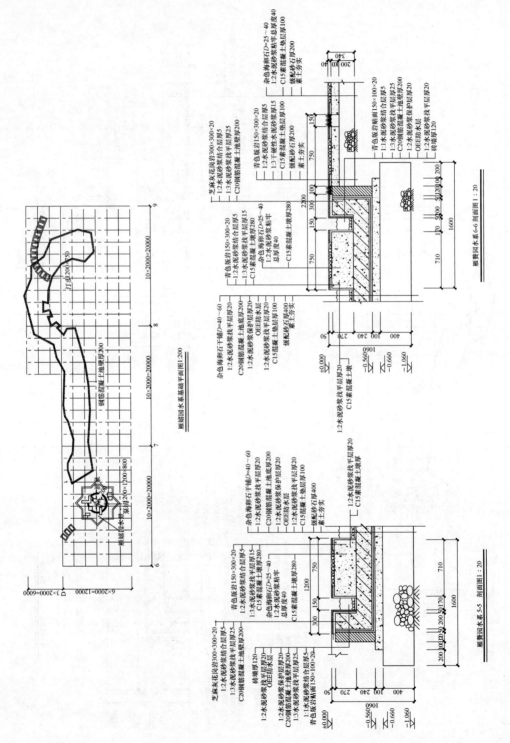

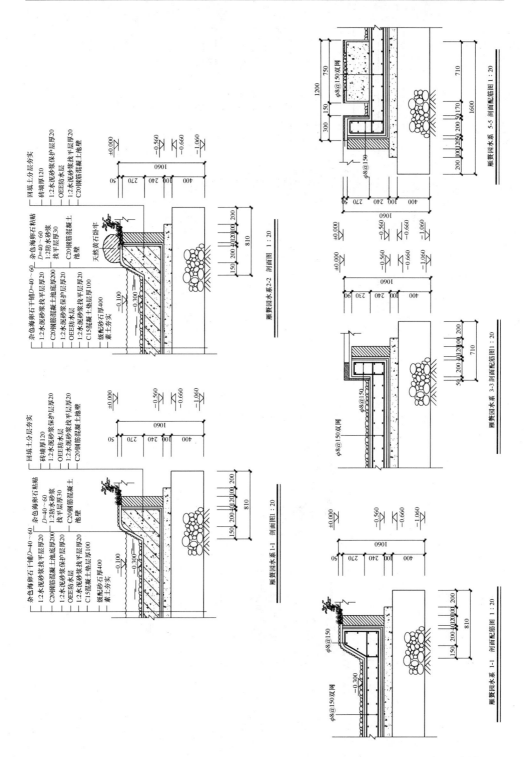

雕塑园水景石台贴面材料用量

序号	选材名称		规格/mm	数量/块	面积/m²
1	花岗岩	灰色磨光	400×400×20	25	4
2			400×500×20	4	0.8
3			400×300×20	6	0.72
4			400×200×20	6	0.48
5			600×600×20	1	0.36
6			600×500×20	2	0.6
7			600×300×20	2	0.36
8			400×600×20	11	2.64
9		红色磨光	600×600×20	2	0.72
10			200×200×20	1	0.04
11			600×200×20	2	0.24
12			600×500×20	2	0.6
13			600×300×20	3	0.54
14			300×200×20	3	0.18
15			异型加工	1	0.24

注：石台A、B、C、D为灰色磨光花岗岩贴面。
石台E为红色磨光花岗岩贴面。

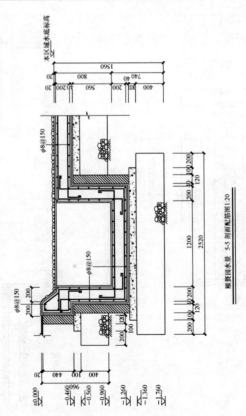

雕塑园水景 5-5 剖面配筋图1:20

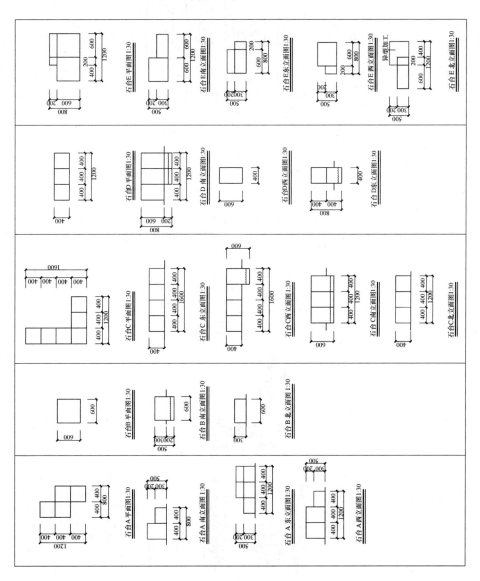

雕塑园水景石台拼贴形式

雕塑园水景台台贴面材料用量

序号	选材名称		规格/mm	数量/块	面积/m²
1	花岗岩	灰色磨光	400×400×20	25	4
2			400×500×20	4	0.8
3			400×300×20	6	0.72
4			400×200×20	6	0.48
5			600×600×20	1	0.36
6			600×300×20	2	0.6
7			600×300×20	2	0.36
8			400×600×20	11	2.64
9		红色磨光	600×600×20	2	0.72
10			200×200×20	1	0.04
11			600×200×20	2	0.24
12			600×500×20	2	0.6
13			600×300×20	3	0.54
14			300×300×20	3	0.18
15			异型加工	1	0.24

注：石台A、B、C、D为灰色磨光花岗岩贴面。
石台E为红色磨光花岗岩贴面。

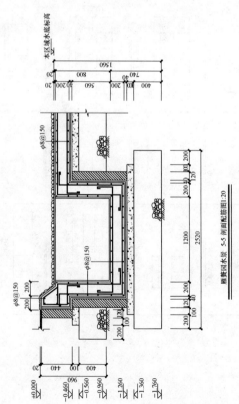

雕塑园水景 5-5剖面配筋图1:20

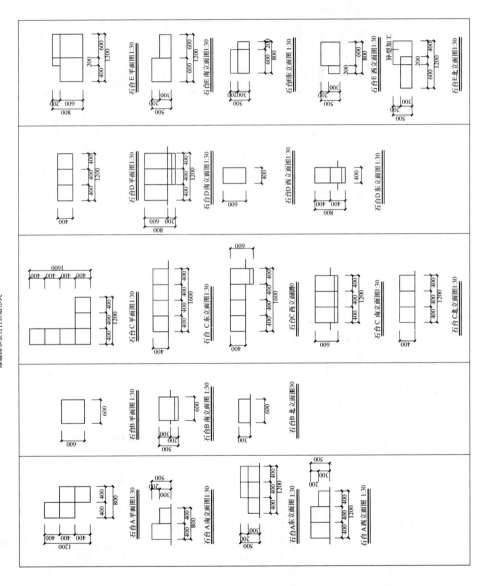

雕塑园水景石台拼贴形式

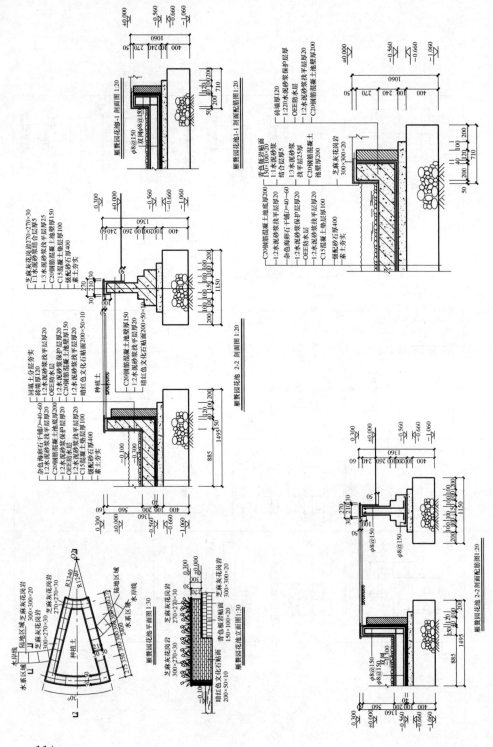

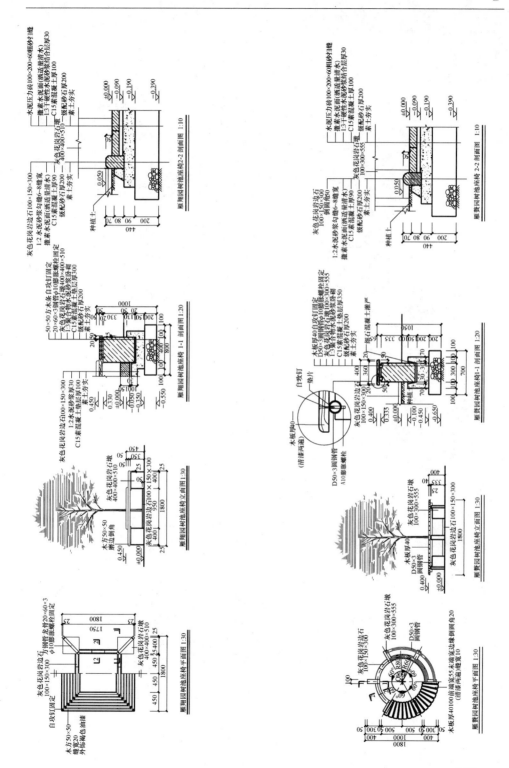

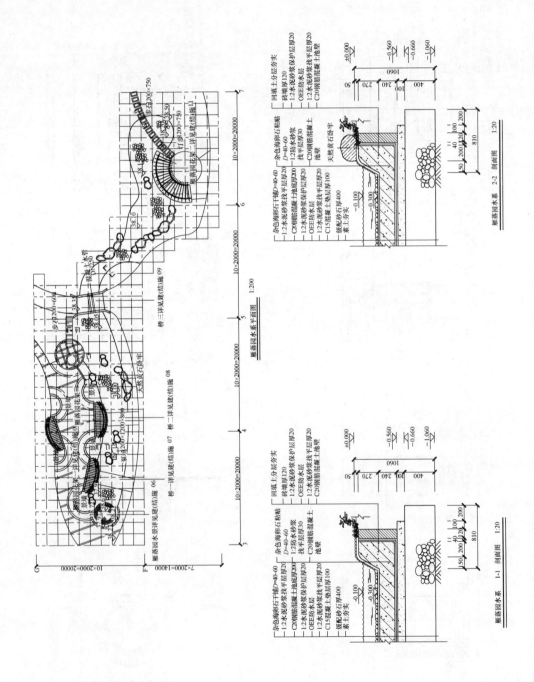

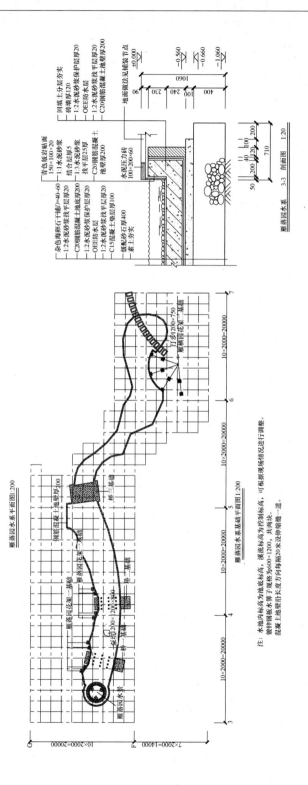

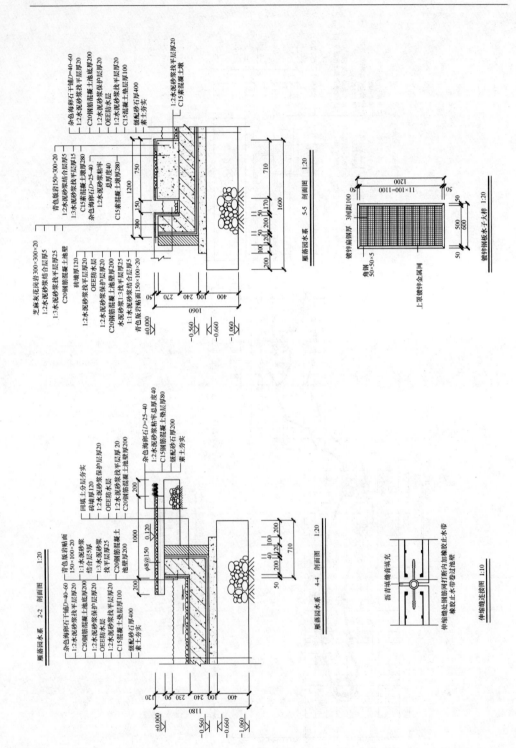

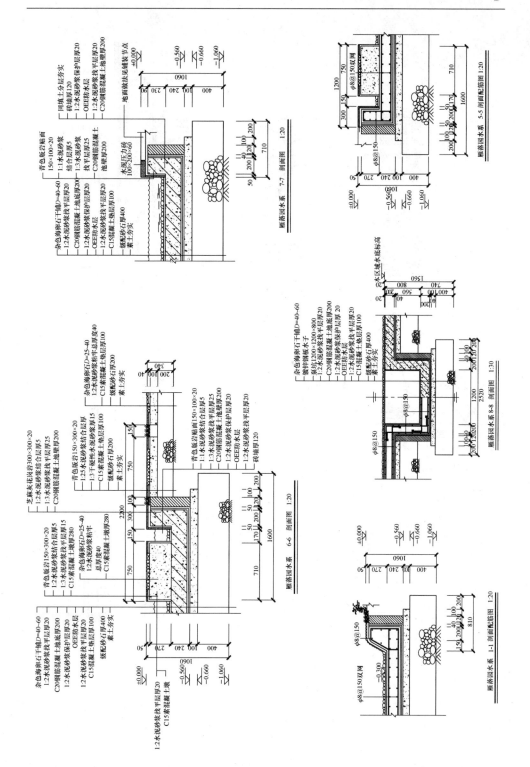

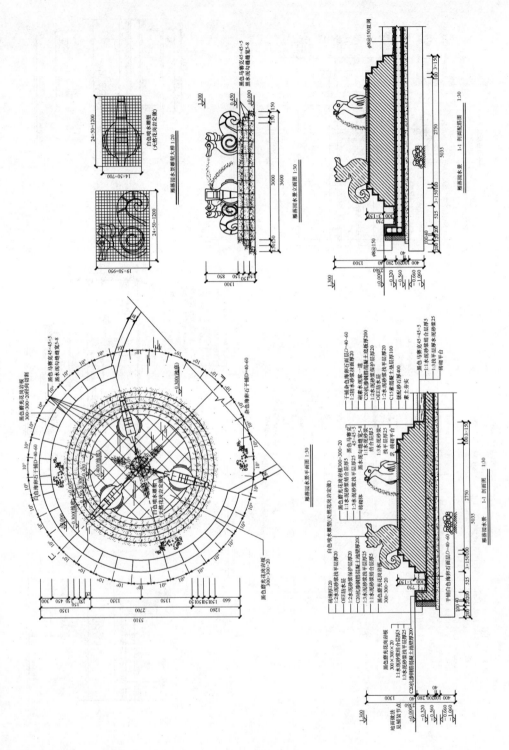

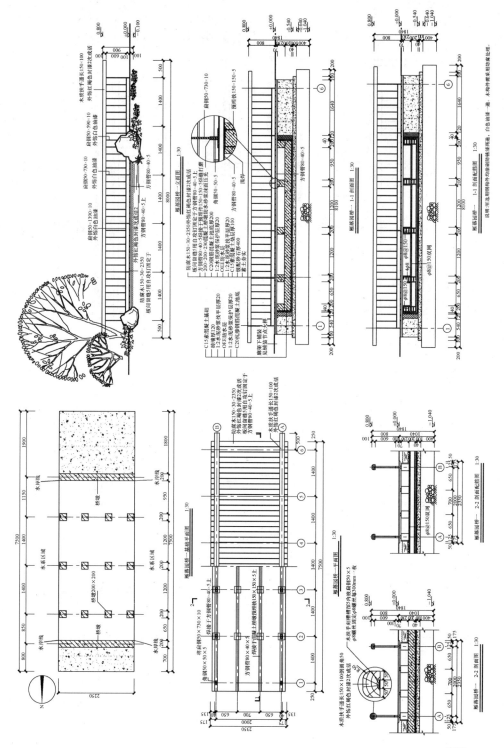

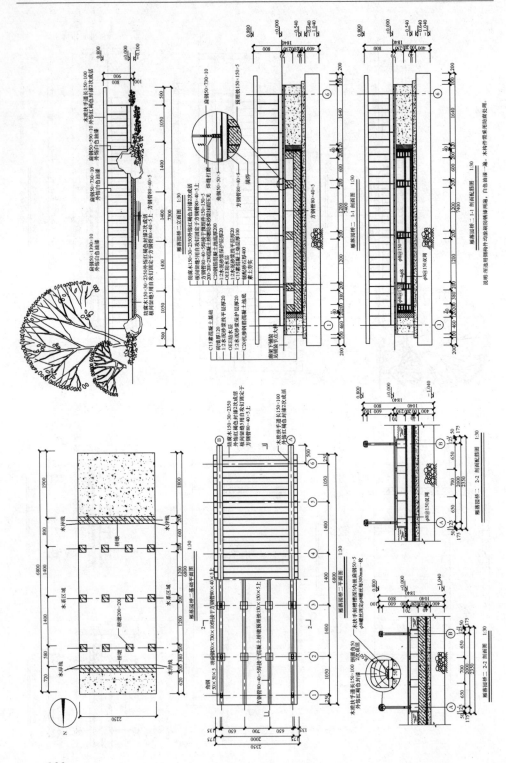

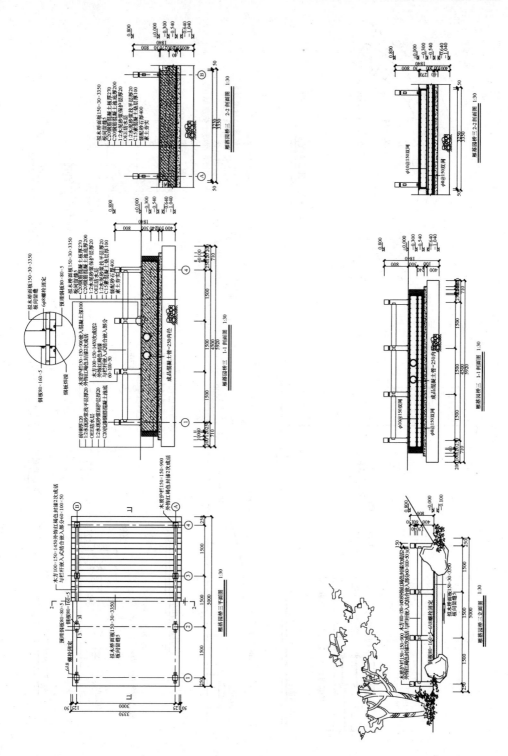

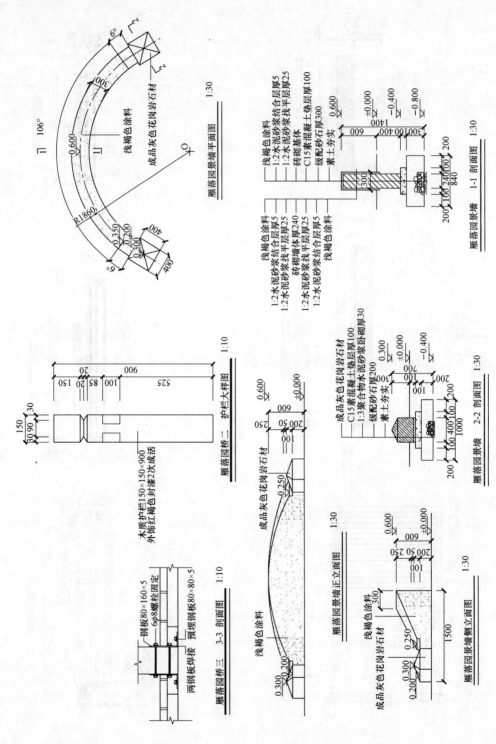

雁落园景墙平面图 1:30

成品灰色花岗岩石材

浅褐色涂料

雁落园景墙 1-1 剖面图 1:30

浅褐色涂料
1:2水泥砂浆结合层厚5
1:2水泥砂浆找平层厚25
砖砌基础
C15素混凝土垫层厚100
级配砂石厚300
素土夯实

浅褐色涂料
1:2水泥砂浆结合层厚5
1:2水泥砂浆找平层厚25
砖砌墙体厚240
1:2水泥砂浆找平层厚25
1:2水泥砂浆结合层厚5
浅褐色涂料

雁落园景墙 2-2 剖面图 1:30

成品灰色花岗岩石材
1:3素混凝土垫层厚100
1:3聚合物水泥砂浆卧砌厚30
级配砂石厚200
素土夯实

雁落园桥 护栏大样图 1:10

木质护栏150×150×900
外饰红褐色封漆2次成活

雁落园桥三 3-3 剖面图 1:10

钢板80×160×5
6φ8螺栓固定
预埋钢板80×80×5
两钢板焊接

成品灰色花岗岩石材

浅褐色涂料

雁落园景墙正立面图 1:30

浅褐色涂料

成品灰色花岗岩石材

雁落园景墙侧立面图 1:30

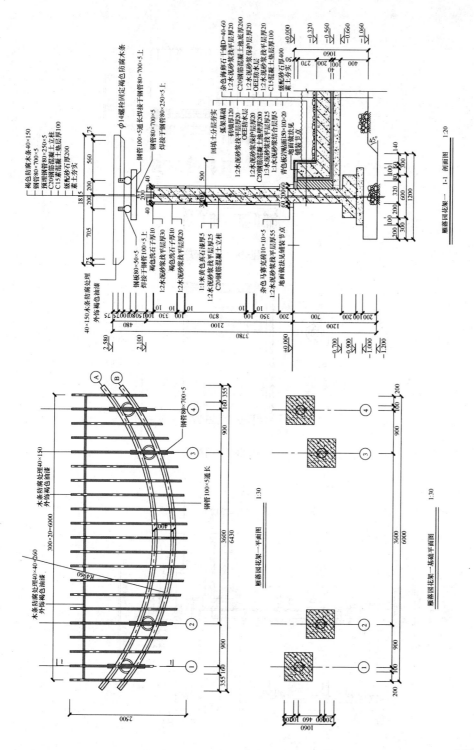

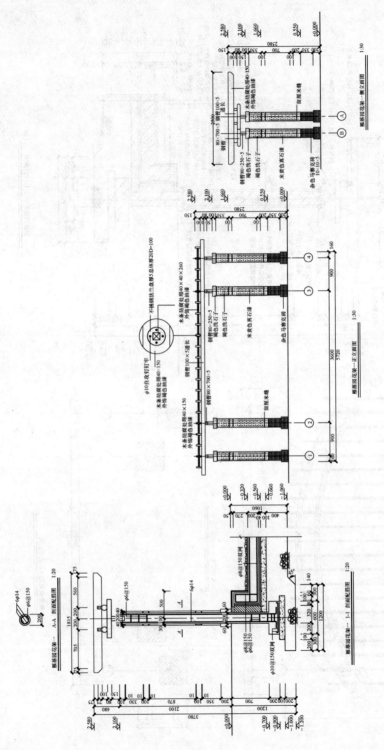

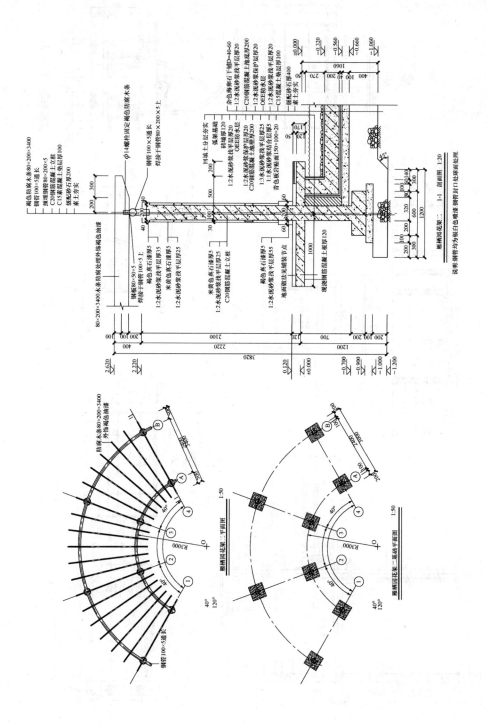

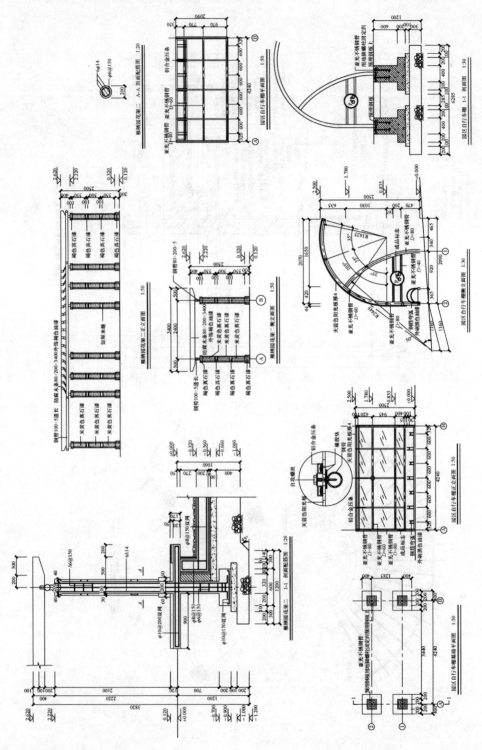

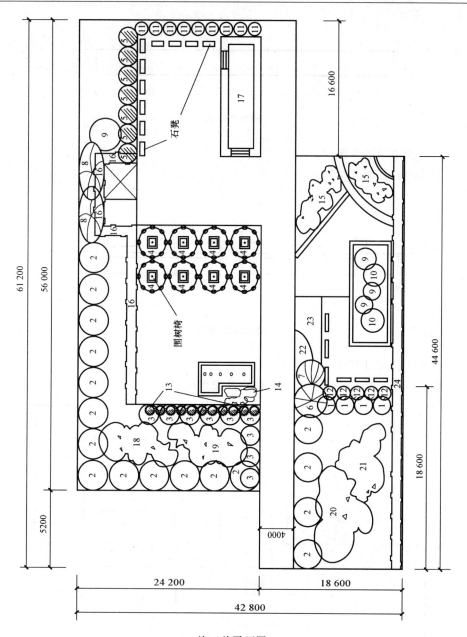

施工总平面图

（2）园路平面图。

识读内容：园路尺寸、路面材料。

园路平面图

（3）立道牙示意图。

识读内容：道牙结构。

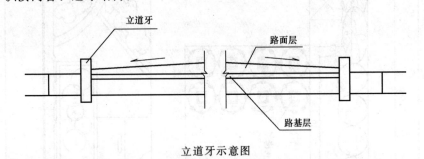

立道牙示意图

（4）平面尺寸详图。

识读内容：广场平面尺寸及具体小品位置尺寸。

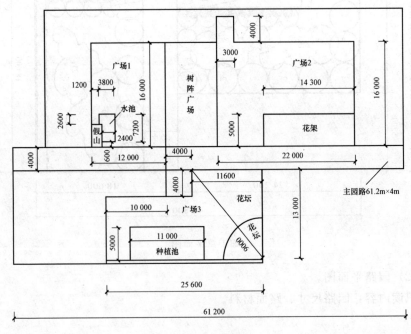

平面尺寸详图

（5）围树椅立面图。

识读内容：围树椅尺寸外形大样。

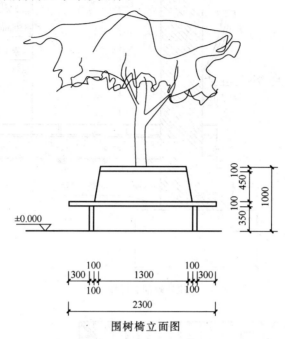

围树椅立面图

（6）桌凳基础平面图。

识读内容：桌凳基础尺寸。

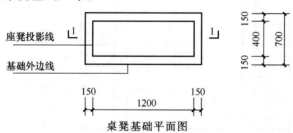

桌凳基础平面图

（7）柱基础剖面详图。

识读内容：柱基础尺寸及垫层厚度和材料要求。

（8）亭顶剖面图。

识读内容：亭顶尺寸。

（9）亭剖面图。

识读内容：亭剖面尺寸。

（10）亭正立面图。

识读内容：亭立面尺寸。

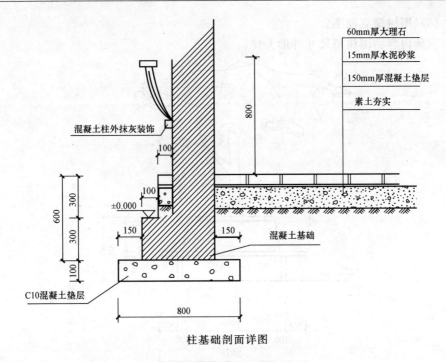

60mm厚大理石

15mm厚水泥砂浆

150mm厚混凝土垫层

素土夯实

混凝土柱外抹灰装饰

±0.000

混凝土基础

C10混凝土垫层

柱基础剖面详图

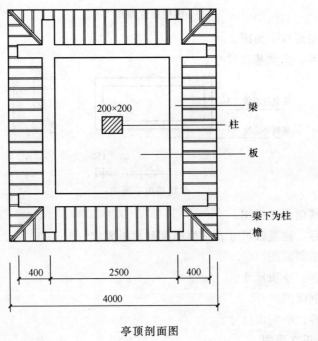

200×200

梁

柱

板

梁下为柱

檐

亭顶剖面图

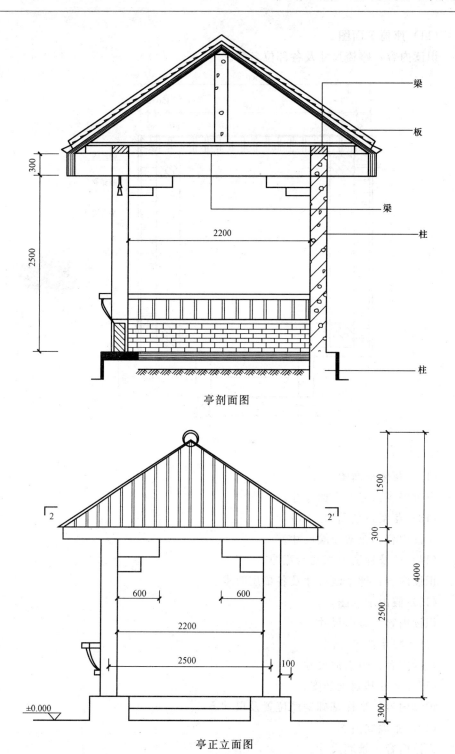

亭剖面图

亭正立面图

（11）座椅平面图。

识读内容：座椅尺寸及各部位名称。

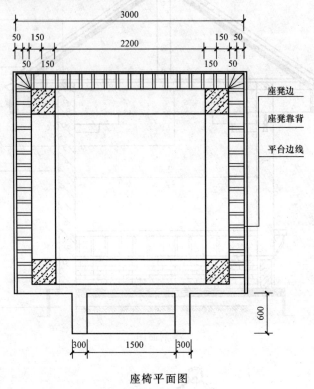

座椅平面图

（12）花架平面图。

识读内容：花架平面尺寸。

（13）花架顶平面图。

识读内容：花架顶端尺寸。

（14）柱及种植池基础示意图。

识读内容：种植池尺寸及各垫层要求。

（15）假山示意图。

识读内容：假山尺寸。

（16）喷水池尺寸图。

识读内容：喷水池尺寸。

（17）亭柱基础钢筋图。

识读内容：亭柱基础钢筋位置及尺寸。

（18）景墙立面图。

识读内容：景墙尺寸。

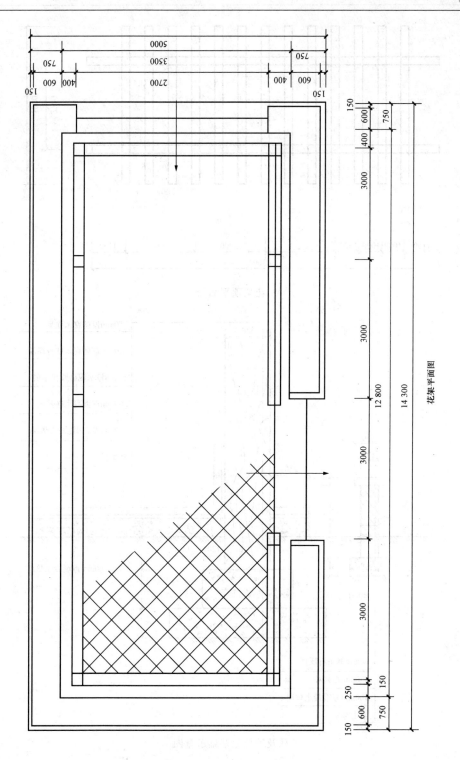

花架平面图

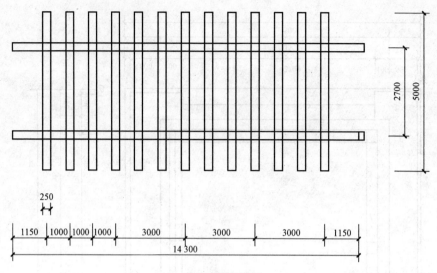

花架顶平面图

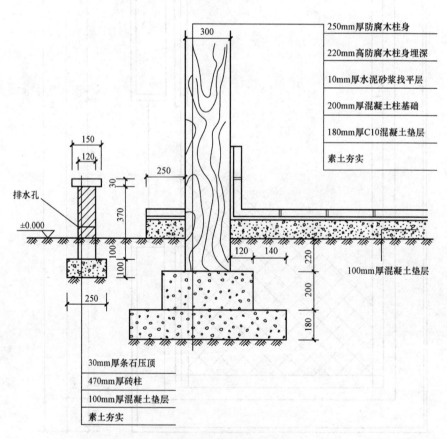

柱及种植池基础示意图

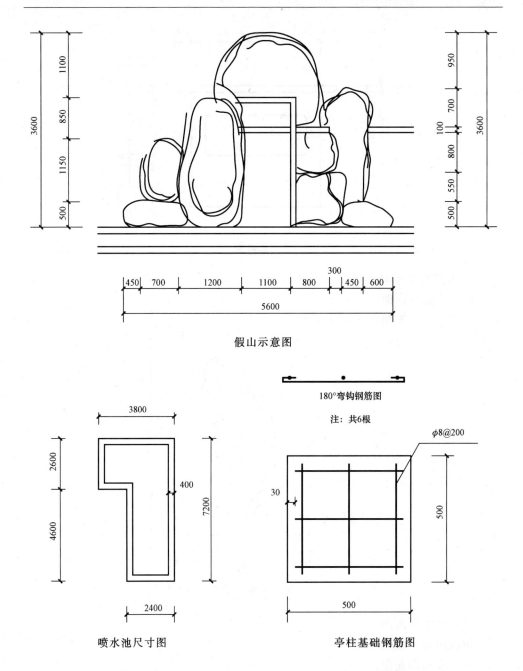

假山示意图

180°弯钩钢筋图

注：共6根

喷水池尺寸图

亭柱基础钢筋图

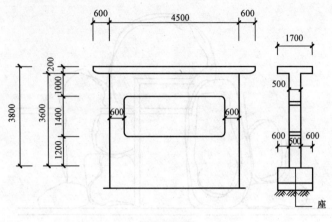

景墙立面图

3. 某广场绿地施工图

(1) 雕塑立面图。

识读内容：雕塑立面尺寸要求。

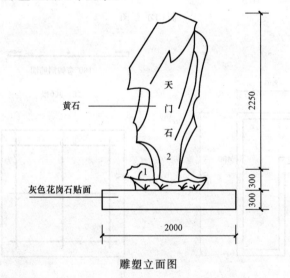

雕塑立面图

(2) 雕塑平面图。

识读内容：雕塑平面尺寸。

(3) 底座剖面图。

识读内容：雕塑底座尺寸要求。

(4) 广场柱立面图。

识读内容：广场柱里面样式及材质要求。

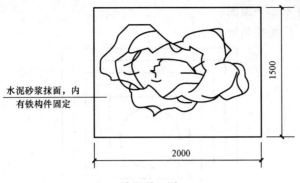

水泥砂浆抹面，内
有铁构件固定

雕塑平面图

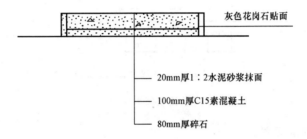

灰色花岗石贴面

20mm厚1：2水泥砂浆抹面

100mm厚C15素混凝土

80mm厚碎石

底座剖面图

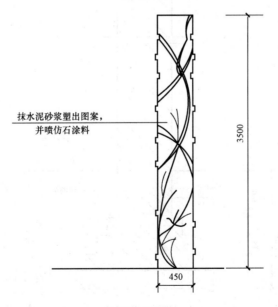

抹水泥砂浆塑出图案，
并喷仿石涂料

广场柱立面图

（5）广场柱基础平面图。

识读内容：广场柱基础尺寸。

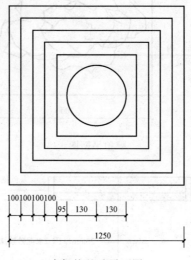

广场柱基础平面图

（6）广场柱剖面图。

识读内容：广场柱剖面尺寸。

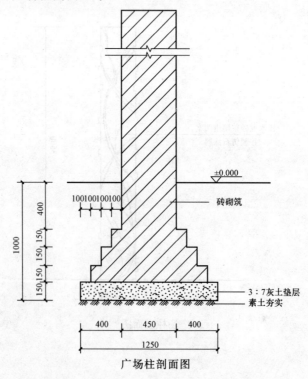

广场柱剖面图

（7）花坛园凳平面图。

识读内容：花坛园凳立面尺寸及面砖的样式、规格。

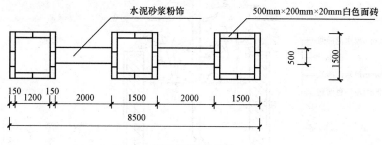

花坛园凳平面图

（8）花坛园凳立面图。

识读内容：花坛园凳立面尺寸及面砖的样式、规格。

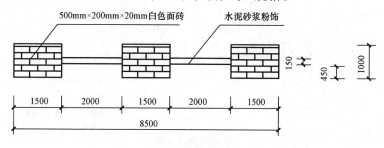

花坛园凳立面图

（9）花坛园凳剖面图。

识读内容：花坛园凳剖面尺寸。

（10）预制混凝土平面图。

识读内容：预制混凝土平面图尺寸。

（11）园凳立面图。

识读内容：园凳立面图的尺寸。

（12）园凳侧立面图。

识读内容：园凳侧立面图的尺寸。

（13）水池平面图。

识读内容：水池的尺寸及底层部位的材质要求。

（14）汀步剖面图。

识读内容：汀步做法。

（15）景墙立面图。

识读内容：景墙立面尺寸。

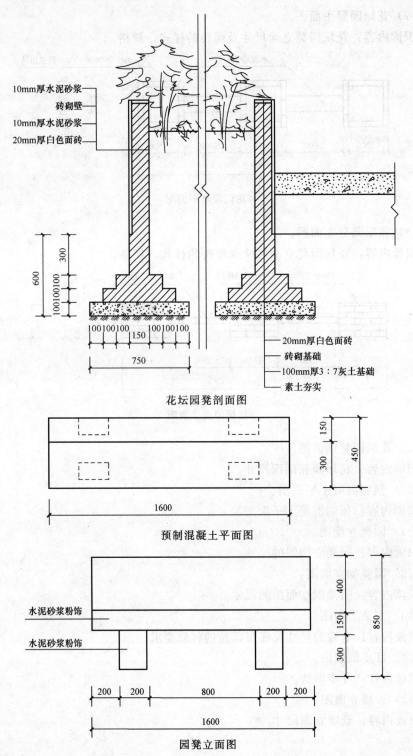

10mm厚水泥砂浆
砖砌壁
10mm厚水泥砂浆
20mm厚白色面砖

300
600
100 100 100

100 100 100　150　100 100 100
750

20mm厚白色面砖
砖砌基础
100mm厚3：7灰土基础
素土夯实

花坛园凳剖面图

150
300
450
1600

预制混凝土平面图

水泥砂浆粉饰
水泥砂浆粉饰

400
150
300
850

200　200　800　200　200
1600

园凳立面图

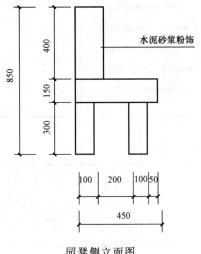

园凳侧立面图

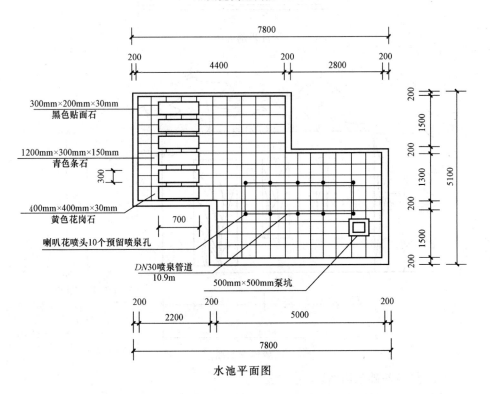

水池平面图

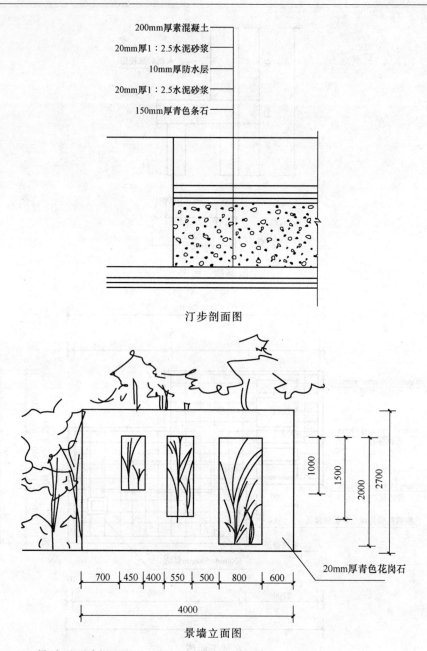

200mm厚素混凝土

20mm厚1:2.5水泥砂浆

10mm厚防水层

20mm厚1:2.5水泥砂浆

150mm厚青色条石

汀步剖面图

1000
1500
2000
2700

20mm厚青色花岗石

700 450 400 550 500 800 600

4000

景墙立面图

（16）景墙基础剖面图。

识读内容：景墙剖面尺寸。

（17）树池平面图。

识读内容：树池尺寸。

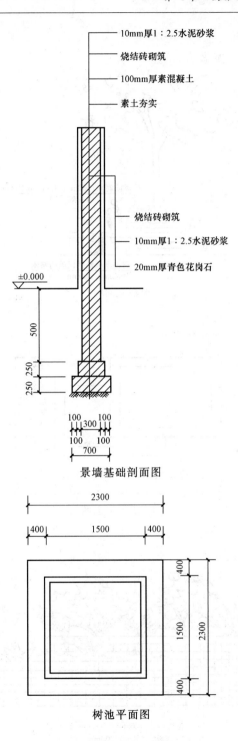

景墙基础剖面图

树池平面图

（18）树池立面图。

识读内容：树池基本做法。

优质防腐木1500mm×200mm×100mm
内用螺栓固定

树池围板座椅优质防腐木
1900mm×200mm×200mm

树池立面图

（19）组合花坛平面图。

识读内容：花坛基础部位尺寸。

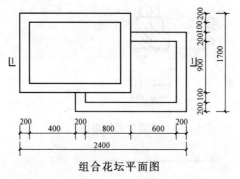

组合花坛平面图

（20）组合花坛立面图。

识读内容：花坛尺寸。

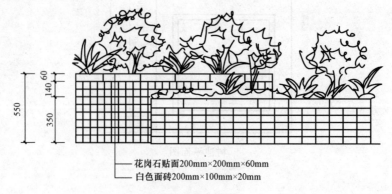

花岗石贴面200mm×200mm×60mm
白色面砖200mm×100mm×20mm

组合花坛立面图

（21）组合花坛剖面图。

识读内容：组合花坛做法。

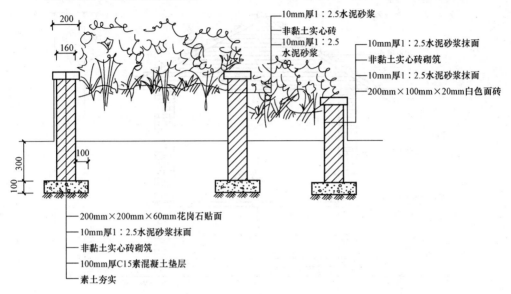

组合花坛剖面图

（22）亭子平面图。

识读内容：亭基层尺寸及铺地材质。

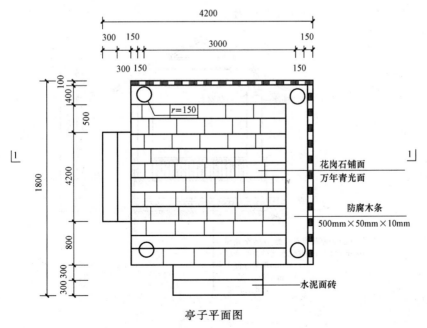

亭子平面图

（23）亭子立面图。

识读内容：亭剖面尺寸及基层做法。

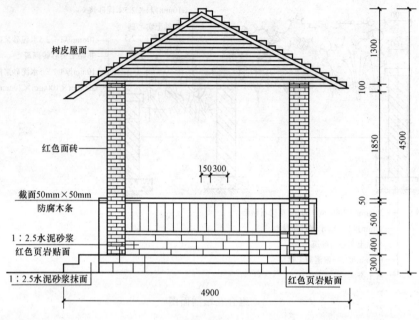

亭子立面图

（24）亭子剖面图。

识读内容：亭剖面尺寸及基层做法。

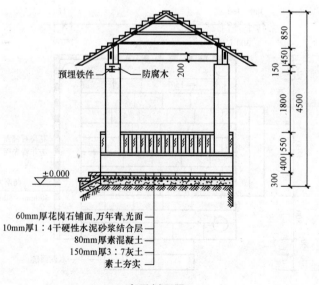

亭子剖面图

（25）亭子顶平面图。

识读内容：亭顶尺寸及木料尺寸。

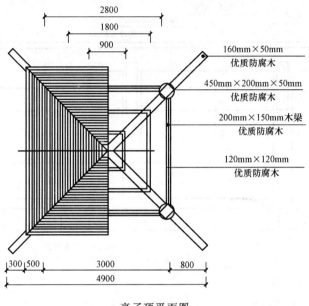

亭子顶平面图

（26）座椅基础剖面图。

识读内容：座椅基础尺寸和各个部位的具体做法。

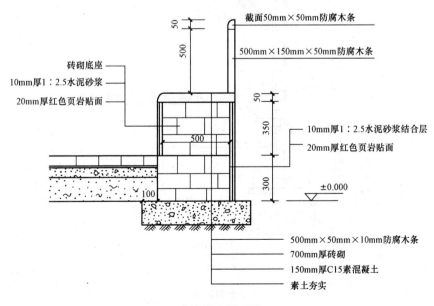

座椅基础剖面图

（27）亭廊立面图。

识读内容：亭廊尺寸及局部位置特殊材料。

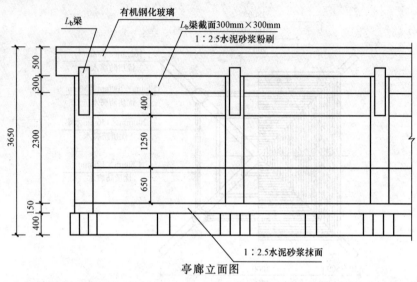

亭廊立面图

（28）亭廊剖面图。

识读内容：各部位尺寸、做法及钢筋的型号、尺寸。

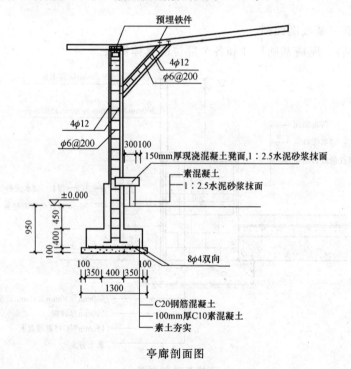

亭廊剖面图

参 考 文 献

［1］中国建筑工业出版社．现行建筑设计规范大全［M］．北京：中国建筑工业出版社，2005.

［2］王强．景观园林制图［M］．北京：中国水利水电出版社，2008.

［3］张吉祥．园林制图与识图［M］．北京：中国建筑工业出版社，1999.

［4］唐学山．园林设计［M］．北京：中国林业出版社，1996.